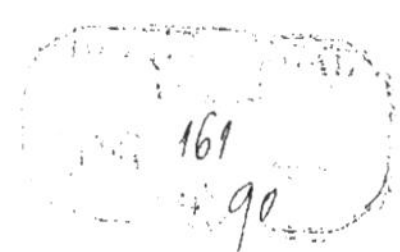

LES BÊTES
EN ROBE DE CHAMBRE

TYPOGRAPHIE FIRMIN-DIDOT. — MESNIL (EURE).

LES BÊTES
EN ROBE DE CHAMBRE

PAR

Le Marquis G. DE CHERVILLE

OUVRAGE ILLUSTRÉ DE NOMBREUSES GRAVURES SUR BOIS
ET DE 8 PLANCHES EN COULEURS

PARIS
LIBRAIRIE DE FIRMIN-DIDOT ET Cie
IMPRIMEURS DE L'INSTITUT, RUE JACOB, 56

1890

LES BÊTES EN ROBE DE CHAMBRE

I

LES CROYANCES POPULAIRES.

Les croyances populaires sont autrement vivaces que les religions; si démodée que soit la science augurale, les présages que l'on doit tirer de certains oiseaux n'en ont pas moins gardé tout leur prestige dans les campagnes; bien mieux, les préjugés de la première enfance ont une telle puissance, que l'on rencontre tous les jours des gens très éclairés, les premiers à rire de ces contes bleus, qui ne peuvent pas se défendre d'une désagréable impression lorsque, par exemple, le cri de l'effraie vient à se faire entendre, dans la nuit, au-dessus de la maison où ils se trouvent.

Aujourd'hui, comme dans l'antiquité, le rôle augural appartient presque exclusivement aux oiseaux. Ces maîtres de l'espace, véritables traits d'union entre l'idéal et l'humanité, devaient être acceptés par elle comme les messagers des volontés célestes. Il nous a semblé qu'il ne serait pas sans intérêt de rapporter quelques-unes de ces superstitions rustiques; nous devons prévenir qu'elles n'ont rien d'absolu; la signification du pronostic diffère suivant le pays, quelquefois selon les localités assez rapprochées, et encore suivant les conditions dans lesquelles sera celui auquel il s'adresse.

Tel n'est pas le cas de l'effraie que nous venons de citer; ce bel oiseau de nuit, au plumage herminé, est accepté partout comme un présage de mort.

Comme si ce n'était pas assez pour attirer sur elle l'animadversion générale, on la charge encore de sacrilège; en Provence, dans le Languedoc, on l'accuse de boire l'huile des lampes de l'église.

La réputation de tous les oiseaux de nuit, grands, moyens et petits, n'est pas meilleure; mais l'imagination méridionale a découvert un moyen de remédier à leurs maléfices. Il consiste à jeter du sel dans le feu quand on les entend.

Le corbeau, qui est signe de bonheur dans le midi de l'Allemagne, n'annonce rien de bon chez nous, si c'est le matin qu'on l'aperçoit. Il en est de même de la pie; mauvaise rencontre si elle vole sur votre gauche; à droite, au contraire, vous pouvez en conclure que la journée vous sera agréable.

La pie-grièche n'a pas droit à beaucoup de considération; c'est elle qui a fourni les épines dont le Christ fut couronné; aussi, les petits paysans du Berry, quand ils s'emparent de l'un de ces oiseaux, manquent rarement de lui appliquer la peine du talion.

Vous attendiez-vous à rencontrer le pinson au chant joyeux dans cette nomenclature des porte-malheur? Dans le Maine, dans l'Angoumois, s'il se perche sur la fenêtre, il faut s'attendre à une trahison.

Les Manceaux ne sont pas plus indulgents pour un autre charmant oisillon qu'une jolie légende a poétisé, le rouge-gorge; suivant eux, il a le mauvais œil : faites vite un signe de croix et détournez la tête. En Allemagne, au contraire, si on le tue, les vaches donneront du lait rouge; en Bretagne, il est également sauvegardé par la considération qui s'attache à sa qualité de chirurgien du bon Dieu; c'est lui qui a mission de le saigner quand il souffre de la pléthore.

Êtes-vous curieux de posséder l'herbe qui fend le bois, celle qui

coupe le fer, ou la pierre qui guérit la cécité? Dans le premier cas, bouchez avec une grosse cheville le trou dans lequel le pivert a ses petits; dans le second, recouvrez avec un grillage le nid de la pie; dans l'un et dans l'autre, étendez au pied des deux arbres un morceau d'étoffe écarlate, vous y retrouverez le lendemain ces deux merveilles, abandonnées par les oiseaux qui s'en seront servis pour rentrer chez eux.

La troisième recette est un peu plus cruelle; mais on n'y regarde jamais de bien près quand il s'agit de conquérir un pareil trésor. Crevez donc les yeux à un des oisillons que le nid renferme, la pauvre mère ira au bord de l'Océan chercher le gravier miraculeux, et vous vous en emparerez en fouillant son domicile.

Le torcol est le domestique du coucou; il court la poste devant son maître et arrive précisément douze jours avant lui.

Quant à ce coucou, ses allures mystérieuses ont fourni ample matière aux imaginations rustiques. Dans le pays de Vaud, son arrivée annonce une recrudescence du froid; c'est ce que l'on y nomme la rebuse du coucou. Si vous avez de l'argent dans votre poche, le jour où vous entendrez le coucou pour la première fois, l'affaire est excellente, vous aurez pendant toute l'année le gousset bien garni; en cas contraire, attachez-vous à flatter vos amis, car vous vous trouverez nécessairement dans le cas d'avoir recours à leur bourse.

Il y a, pour un ménage, un moyen sûr de vivre en bonne intelligence. Que le mari porte sur sa poitrine un cœur de caille mâle, la femme un cœur de caille femelle, ils seront toujours d'accord; la recette date du seizième siècle. Il existe également une manière de conjurer le dénouement fatal de toutes les maladies, elle consiste à coucher le patient sur un matelas fait avec des plumes d'ailes de perdrix.

Le merle qui traverse un chemin porte bonheur. Les Solognots estiment que si cet oiseau ne vit pas vieux, c'est en raison de sa pernicieuse habitude de se brancher la queue dans le vent. Nouvel exemple de la fatale influence des courants d'air!

On assure en Normandie que la draine, que l'on y appelle touret, parle sept langues.

Dans le Languedoc, le pâtre qui tue une bergeronnette voit, dans le mois, mourir le plus beau mouton du troupeau. En Saintonge, on croit que l'engoulevent couve ses œufs en les regardant; un peu partout, qu'il tette les chèvres.

Dans le Tyrol, on porte une langue d'aigle dans une amulette pour se préserver du vertige dans les ascensions.

C'est le roitelet qui a apporté le feu du ciel, celui qui le tue aura sa maison foudroyée; quand on déniche ses œufs, on fait venir des crevasses aux pieds des bêtes, ou bien on s'expose soi-même à voir ses doigts se racornir.

Nous ne saurions mieux finir qu'en empruntant au curieux ouvrage de M. Eugène Rolland, *la Faune populaire de la France*, une jolie légende bretonne sur la vaillance avec laquelle cet oisillon soutient les jours d'épreuve qui vont venir.

« L'Hiver, voyant le roitelet joyeux et content pendant que les autres oiseaux étaient tristes et malheureux, lui dit, un jour qu'il avait gelé bien dur : « Où étais-tu donc la nuit passée? — Sous le toit de la maison, où les servantes du manoir faisaient la buée, répondit-il. — Fort bien; cette nuit, j'arriverai jusqu'à toi. »

« En effet, cette nuit-là, l'eau gela sur le feu dans la buanderie. Cependant, le lendemain, l'Hiver, trouvant le roitelet leste et pimpant à son ordinaire, lui demanda encore : « Où étais-tu la nuit passée? — Dans l'étable, sous la queue d'une vache. — Bon! tu auras de mes nouvelles cette nuit. »

« Il gela si dur, cette nuit-là, que la queue des vaches se colla à leurs cuisses, et le lendemain le roitelet chantait et sautillait comme en plein mois de mai. « Comment, tu n'es pas mort! lui dit l'Hiver tout étonné; où étais-tu la nuit passée? — Entre les deux petits garçons du fermier. — N'importe, je viendrai à bout de toi. — C'est ce que nous verrons bien, dit le roitelet. »

« Cette nuit-là, la gelée fut si furieuse, que l'on trouva les petits garçons du fermier morts de froid tous les deux. Mais le roitelet s'était retiré dans un trou de muraille, près du four du boulanger, et il faisait la nique à l'Hiver. »

II

MOUETTES ET GOÉLANDS.

Depuis que les maisons se pressent sur le littoral, aussi multipliées que les villas sur les bords de la Seine aux alentours de la grande ville, la chasse sur les grèves, cette distraction favorite du touriste claquemuré, sous prétexte de bains de mer, dans quelque village perdu des côtes de la Manche ou de l'Océan, est devenue un passe-temps parfaitement insipide.

Elle est loin l'époque où, dans une promenade de quelques heures sur le sable, on trouvait à décharger son fusil, tantôt sur des goélands, des mouettes, des huîtriers, butin absolument platonique, qui ne sert qu'à procurer temporairement quelque relief à la carnassière; tantôt sur des courlis, mangeables quand ils sont dans leur jeune âge; le plus souvent dans ces bandes de petits chevaliers que l'on appelle ici alouettes, ailleurs petites de mer, plus loin bécasseaux, culs-blancs, etc.; ceux-ci, si un cordon-bleu émérite ne dédaigne pas de se mêler de leur affaire, peuvent obtenir, pour oraison funèbre, le certificat d'une certaine valeur gastronomique. Ces temps d'abondance sont loin de nous; l'oiseau de mer s'en va et disparaît en même temps que les hôtes de nos plaines; bientôt réfugié dans les mornes falaises du septentrion, il n'abordera jamais nos côtes à moins que la tempête ne l'y pousse.

Les oiseaux, ces maîtres de l'espace, ces affranchis de la sujétion terrestre, réalisent un de nos idéals; quand on les contemple traversant les plaines de l'air, se jouant dans leur immensité, rasant tour à tour les nuages et les cimes des bois ombreux, c'est avec une certaine envie.

Tout autre est l'impression que laissent les hôtes ailés de l'Océan; elle procède de la commisération; l'oiseau de mer est un emblème de tristesse et de désespérance. Ballotté entre deux éléments capricieux dont les colères sont terribles et qui, quelquefois, se dérobent en même temps à ses ailes et à ses rames; jouet perpétuel de la tempête, il représente assez bien une âme en peine.

Sans cesse en mouvement sur les flots, affleurant sans relâche

leurs crêtes écumeuses pour leur demander une épave, chair ou poisson, proie toujours réclamée parce qu'elle est toujours insuffisante pour son insatiable appétit, il passe et repasse d'un vol tourmenté, quoique puissant, et s'il cherche un peu de repos sur les vagues, c'est encore pour être leur victime.

La plainte même lui est interdite. Cette mer toujours grondante, même quand elle sourit, la couvre et l'absorbe; son cri rauque n'arrive jamais à ce ciel auquel il l'adresse.

Parfois, le vent déchaîné l'emporte au loin dans les terres et l'y exile; mais, comme tous les enfants des pays déshérités, il profite de l'accalmie pour regagner en hâte cet Océan, qui, malgré ses rigueurs, est la patrie.

Ses mœurs sont farouches comme le milieu dans lequel il vit.

BÊTES EN ROBE DE CHAMBRE. 2

Hors certaines variétés de sternes de petite taille, tous les oiseaux du genre des laridés se suivent, mais individuellement, sans se réunir, sans s'agréger. Chacun pour soi, l'Océan pour tous, telle doit être leur devise.

Ils se battent avec fureur pour s'arracher leur proie, et lorsque l'un d'eux vient à être blessé, ils ne dédaignent pas toujours la curée qu'il leur ménage.

J'avais vu dans les baies de la Somme des bandes de petits sternes revenir à tire-d'aile, voleter autour de l'un de leurs compagnons tombé sous le plomb, comme les vanneaux et certains pluviers, sans trop se soucier de s'exposer à la mitraille. J'avais été enthousiasmé de ce touchant exemple de solidarité fraternelle, je me proposais de l'offrir pour modèle à mes concitoyens, qui me semblent en avoir besoin.

Deux jours après, j'avais abattu un goéland à manteau noir qui naviguait de conserve avec deux oiseaux de son espèce, et nécessairement ma victime était tombée à la mer. Comme elle se trouvait au-dessous du vent, il nous fallait deux ou trois bordées pour arriver dans ses eaux, et nous eûmes la malechance de nous engraver sur un des bancs dont cette baie fourmille.

Pendant que nous nous efforcions d'arracher notre barque à ses étreintes, un camarade du défunt, qui croisait à une grande hauteur au-dessus de nous, se laissant tomber à pic sur le cadavre, d'un vigoureux coup de bec lui enleva un morceau de chair garni de plumes, qui s'éparpillèrent quand il reprit son essor. Mes illusions s'envolèrent avec elles; ce que j'avais pris pour une générosité sublime pourrait bien être chez les laridés une conséquence de leur voracité. J'en fus d'autant plus humilié pour eux, que je m'étais proposé de faire empailler le grisard dont ce frère dénaturé venait de déshonorer la dépouille.

C'est surtout quand ils s'attaquent à vos intérêts que l'on se montre impitoyable pour les vices.

La ponte et la nidification de ces oiseaux sont conformes à la rudesse, à l'âpreté de leur existence. Quelques-uns ne prennent pas même la peine de préparer une couchette à leur future postérité et déposent leurs œufs sur la grève et sur le sable; d'autres les abritent dans quelque anfractuosité du rocher ou de la falaise et se donnent le luxe d'un matelas de mousse ou de fucus; certaines mouettes nichent dans les roseaux qui bordent les cours d'eau de l'intérieur des terres et surtout dans les jonchées de l'embouchure des fleuves.

M. O. des Murs, dans son intéressante *Oologie*, dit que dans leur ensemble les œufs des laridés, comme ceux de tous les oiseaux dont le nid est à découvert, affectent une similitude de couleur avec le milieu dans lequel ils seront placés. Cette couleur est verdâtre, d'un brun plus ou moins olivâtre, chez les mouettes, sternes ou goélands, qui pondent dans les graminées, sur un lit de fucus ou de lichens: elle est d'un fond brun-blanchâtre, plus ou moins ocracé, dans les espèces qui se contentent pour leurs œufs du sable ou de la surface du rocher.

Cette précaution de la nature n'est pas inutile. Ces œufs, avant la période de la couvaison, l'oiseau cherche bien rarement à les défendre; il semble que le sentiment de la maternité, qui chez lui va devenir si puissant, ne s'éveille que lorsque la genèse oologique est commencée.

C'est seulement par la maternité que les laridés se réhabilitent et se relèvent dans l'échelle des êtres. Ces vautours de la mer, comme on les a appelés, sont des parents tendres et dévoués qui, au besoin, sacrifient leur vie au salut de leurs petits. Nous avons vu un chien de taille moyenne reculer devant les assauts que lui livraient un couple de mouettes rieuses dont il arrêtait la nichée.

Cela compense un peu le cannibalisme.

III

LE MARTIN-PÊCHEUR.

Ce matin, au petit jour, un oiseau, au cri aigre et sauvage, est venu se percher sur la pierre d'où sort en susurrant le mince filet d'eau qui alimente le bassin.

A son manteau bleu aux reflets d'émeraude, au plastron rouillé qui couvre sa poitrine et son ventre, j'ai reconnu une vieille connaissance, le martin-pêcheur.

Quel esprit d'aventure avait conduit cet hôte des eaux poissonneuses dans ce fond de forêt, où son industrie ne pouvait guère s'exercer qu'aux dépens des grenouilles?

Peut-être, en changeant de canton, la vue de la demi-douzaine de poissons rouges qui évoluaient dans cette nappe cristalline avait-elle éveillé la concupiscence du voyageur. Il resta quelque temps immobile, sa grosse tête verdâtre, pointillée de bleu céleste, enfoncée dans ses épaules; tout à coup, il se lança en décrivant une courbe rapide, effleura la surface, puis émergea du flot qu'il avait soulevé en tenant dans son bec un morceau de corail qui représentait un des plus notables habitants du bassin.

Quand on n'a que six poissons rouges, il est assez naturel qu'on en soit jaloux. Je m'étais montré; le cyprin, de son côté, tenait évidemment autant que moi à entraver le dénouement combiné par le ravisseur, car il frétillait comme un diable; il parvint à se dégager de la pince qui l'enserrait, il retomba dans le bassin, tandis que le martin-pêcheur accentuait encore son cri aigu et s'éloignait, semblable à une fusée d'azur.

Chez les oiseaux de proie, l'humeur est farouche; l'oiseau de pêche se caractérise par la tristesse. Il est condamné, comme le premier, à l'isolement par les nécessités de son existence, mais il est réduit à l'embuscade pour conquérir sa proie.

Le rapace, toujours en mouvement, embrassant une contrée dans les immenses spirales de son vol, affirme la force et la vie; le pêcheur, passant de longues heures dans l'attente, mendiant une aubaine dont le hasard lui fait l'aumône, représente la misère par sa résignation patiente, et, par son immobilité, la mort. Le héron est un emblème parfait de la mélancolie morose de la pauvreté; sous sa livrée céleste, le martin-pêcheur est encore un souffreteux.

Toujours enthousiaste du beau et persuadée que la nature partageait cet enthousiasme, l'antiquité accordait à cet oiseau le don de maîtriser le plus capricieux des éléments. Les vents s'apaisaient, les vagues abaissaient, croyait-elle, leurs crêtes écumeuses, lorsque l'alcyon avait confié sa couvée à leurs sillons onduleux. Cette nidification poétique ne ressemble guère à la réalité, puisque le berceau de sa famille, cet oiseau l'établit dans quelque trou encore imprégné de l'odeur de l'immonde rat d'eau qui l'habitait avant lui.

La richesse du coloris de son plumage a, du reste, frappé les imaginations de tous les temps. Voici une légende dont il a été l'objet dans les Vosges et qui a été recueillie par M. Eugène Rolland, dans la *Faune populaire de la France* déjà citée plus haut.

« Noé, après avoir lâché la colombe, prit l'oiseau bleu et lui dit :

« Toi qui connais les eaux, tu auras moins peur : pars aussi, va « voir si la terre reparaît. »

« L'oiseau bleu partit bien avant le jour; à ce moment, il s'éleva un si grand vent, que, pour ne pas être précipité dans les ondes, il prit son essor vers le ciel. Il vola avec une rapidité extraordinaire, ne s'étant servi de ses ailes depuis bien longtemps; aussi arriva-t-il bientôt dans le bleu du firmament, où il n'hésita pas à s'enfoncer. De gris qu'il était auparavant, son plumage se colora de bleu céleste.

« Arrivé à une grande hauteur, il vit le soleil qui se levait bien loin au-dessous de lui; une invincible curiosité le poussa à aller consi-

dérer cet astre de plus près; mais plus il approchait du soleil, plus la chaleur devenait intense; bientôt les plumes de son ventre commencèrent à roussir et à prendre feu.

« Abandonnant son entreprise, il revint aux eaux qui couvraient la terre, et, après s'y être plongé plusieurs fois pour s'y rafraîchir, il songea à sa mission.

« Il chercha l'arche de tous côtés, elle avait disparu.

« Pendant l'absence de l'oiseau bleu, la colombe étant revenue avec un rameau de chêne verdoyant, l'arche avait pris terre. Noé, étant descendu de sa demeure flottante, l'avait démolie pour construire une maison et des étables avec ses morceaux.

« L'oiseau bleu, ne voyant plus rien, se mit à pousser des cris aigus et à appeler Noé. Aujourd'hui, on le voit encore cherchant le long des rives l'arche ou quelques-uns de ses débris ; il a gardé sur la partie supérieure de son corps le plumage bleu de ciel qu'il a conquis en glissant dans le firmament, et son ventre roussi témoigne de l'imprudence avec laquelle il s'est approché du soleil. »

IV

LE SENTIMENT DE LA MORT CHEZ LES ANIMAUX.

C'est un sentiment auquel tous les animaux, tous les oiseaux que nous avons observés nous ont paru absolument réfractaires.

Nous avons toujours été frappé du peu d'impression que produit sur le chien la vue du cadavre de l'un de ses semblables; il le flaire légèrement et, même lorsque ce mort a été un compagnon agréable, il s'écarte sans manifester de sensation d'aucune espèce.

On dit, il est vrai, que le cheval se refuse à passer, si le cadavre est celui d'un homme; *corps*, serait plus exact : effectivement, que l'homme étendu sur la route soit endormi dans la mort, ou engourdi dans l'ivresse, l'animal se cabrera et se défendra énergiquement avant d'aller plus loin; il s'effrayera médiocrement d'un cheval mort.

L'instinct de la conservation des petits, si fécond en miracles chez les oiseaux, ne leur apprend ni la mort ni ses conséquences. Qu'un des deux pigeonneaux des nids du colombier vienne à mourir, ni le père ni la mère, des nourriciers d'élite cependant, ne tenteront le moindre effort pour débarrasser le survivant du voisinage de cette charogne.

Même inconscience chez les oiseaux libres.

Il y a environ un mois, en passant auprès d'un sapin où nous connaissions un nid de pinsons, nous nous aperçûmes que la tête d'un des oisillons qu'il contenait pendait inerte hors de ce nid; curieux de voir ce qui allait se passer, nous résistâmes à la tentation de faire office d'agent voyer et nous le laissâmes.

Le troisième jour, le petit cadavre s'était affaissé dans le fond du nid, et les survivants l'acceptaient pour matelas sans aucune espèce de scrupule, quoique les émanations fussent déjà très perceptibles.

Le sixième jour, un pinson était mort, par suite soit du voisinage infect qu'il subissait, soit d'une cause étrangère; mais son corps resta dans le nid comme le premier, sans que le père et la mère essayassent de délivrer le berceau de ce foyer de pestilence, tâche qui n'était pas au-dessus de leurs forces.

Ce ne fut que le onzième jour que, soit spontanément, soit qu'ils

y fussent incités par leurs parents, les trois petits qui restaient et ne volaient pas encore gagnèrent une branche supérieure, où ceux-là leur donnaient la becquée.

De tous ces faits, de plusieurs autres observés avec soin, nous avons conclu que la conception animale ne s'élevait guère au-dessus de la douleur; quant à l'anéantissement de l'être, son sens et ses effets lui échappent.

La science de la mort est le privilège humain par excellence, et jusqu'à nouvel ordre, nous douterons quelque peu que les éléphants eux-mêmes la partagent avec nous.

Ayant publié ces observations dans un journal, elles nous ont valu deux protestations assez véhémentes.

Dans la première, notre correspondant réclame énergiquement pour le chien une connaissance exacte de l'acte d'anéantissement par lequel finit la vie de tous les êtres, et appuie sa revendication d'un fait qui la justifie.

Deux chiens, un vieux terrier et un terre-neuve, vivaient en frères dans un château des environs de Genève. Le terrier, frappé d'un mal quelconque, mourut dans une de ses excursions, et l'on vit le terre-neuve le rapporter pieusement au logis et le déposer dans la cour, en donnant les signes d'un violent désespoir.

Nous ne contesterons pas plus l'authenticité de ce récit que nous n'avons contesté les cantates par lesquelles les éléphants célèbrent l'entrée d'un des leurs dans cette vallée de misères et de larmes. Nous savons, du reste, qu'en fait d'instinct la vérité se trouve quelquefois dans l'invraisemblable.

Modeste observateur des faits et gestes des bêtes au milieu desquelles nous vivons, nous les enregistrons sans aucune espèce de prétention doctrinale et pour servir de documents aux physiologistes qui auront à en entreprendre la synthèse.

Or, nous avons vu mourir pas mal de chiens dans le cours de notre assez longue existence; quelques-uns ont expiré à la suite d'un ferme de sanglier, au milieu d'une meute d'une trentaine d'animaux : jamais, bien que nous y regardions de fort près, nous n'avons surpris chez les camarades des défunts une trace de sensibilité quelconque.

Quand un chien était blessé, au contraire, nous avons vu, quelquefois, un compagnon lécher ses plaies et lui témoigner des égards qui ne sont pas toujours à l'ordre du jour dans ce temple de l'égalité parfaite que l'on appelle un chenil.

Voilà la suite d'observations sur laquelle nous nous sommes fondé pour refuser aux chiens, comme aux autres animaux, cette conception de la mort, que l'enfant lui-même acquiert seulement lorsque son intelligence arrive à un notable développement, qui est, pour ainsi dire, le couronnement de l'exercice de ses facultés raisonnantes.

Notre correspondant nous signale un fait absolument contradictoire; son affirmation nous suffit pour que nous en admettions l'exactitude rigoureuse; mais, en l'acceptant comme une exception, nous ne saurions abdiquer notre conviction, basée sur des expériences multipliées.

La seconde lettre admet volontiers que la signification précise de l'état qui se caractérise par le refroidissement et la rigidité cadavérique échappe totalement à l'animal; mais elle revendique pour le chien une sorte d'intuition de ce dénouement suprême lorsque c'est son maître qui en est l'objet.

La question ainsi posée devient bien délicate à résoudre.

Le sens de la mort existe évidemment chez l'animal, puisqu'il la donne; mais alors n'agit-il pas exclusivement sous l'impulsion de l'instinct? N'est-ce pas uniquement la machine qui tue, parce qu'elle ne peut manger, c'est-à-dire vivre, sans tuer?

La conception de la mort, au contraire, est un acte purement intellectuel; la posséder, c'est savoir, non pas seulement que l'on peut priver un autre être de l'existence, mais que soi-même, mais que, de tout ce qui vous entoure, de tout ce qui existe, rien n'échappera à cette fin.

Si profonde que soit mon estime pour la race canine, avec laquelle depuis quelque quarante ans j'entretiens un commerce d'amitié, je ne pense pas que le raisonnement que je lui concède puisse s'élever à une telle hauteur.

Le maître mort, inerte et froid sur sa couche, doit surprendre son chien et l'émotionner vivement; son attachement surexcité lui fait supposer que ce maître a besoin de son aide, il gémit, il va, il vient, avec tant d'insistance que le plus souvent on est obligé de le chasser.

Les funèbres préludes le troublent de plus en plus, mais probablement sans l'éclairer. Il suit le convoi, se rapprochant, autant qu'on le lui permet, des hommes noirs qui emportent celui qu'il aimait; il refuse de quitter le tertre que l'on vient d'élever sur cette dépouille; il gratte avec rage, il fouille jusqu'à user ses ongles pour se rapprocher de son ami : y a-t-il dans tout cela quelque chose qui indique une appréciation de la condition qui est la mort?

Il ne nous le semble pas. Ce que va chercher ce pauvre chien en trouant la terre, c'est une caresse que la main glacée dont il l'attend ne peut plus lui donner. Il a si peu la conception de la mort, qu'il ne soupçonne pas l'inutilité de ses efforts.

Il y a huit ou dix ans, j'étais prévenu qu'un de mes vieux camarades, un peintre qu'un talent très réel n'avait pas conduit à la fortune, venait de mourir dans la nuit.

Lorsque j'arrivai à son modeste appartement, j'en trouvai la porte entre-bâillée : la femme qui veillait le corps s'était absentée, et, en entrant dans la chambre mortuaire, je vis le chien de l'artiste couché en rond sur la poitrine du cadavre, dont le drap rabattu sur lui dessinait la forme.

Ce chien, c'était un caniche noir que mon ami avait baptisé Caleb, et qui, comme le serviteur du dernier des Ravenswood, s'était fait une réputation dans notre cercle par sa fidélité et son attachement à son maître.

J'eus quelque peine à le décider à descendre. La veilleuse, qui rentra en ce moment, m'apprit que pendant la nuit ce chien avait sauté sur le lit à plus de dix reprises, tantôt léchant avec acharnement le corps à travers le drap, tantôt se couchant sur lui, comme je l'avais vu, et essayant de le réchauffer.

Lorsque l'on conduisit le pauvre S... au cimetière de Saint-Ouen, où il devait être inhumé, Caleb fit partie du petit groupe qui accompagna le convoi.

Il cheminait sous le corbillard, relevant de temps en temps la tête, fixant au-dessus de lui un regard morne et d'un abattement bien caractérisé. En entrant dans le cimetière, l'un de nous s'empara de Caleb et, passant une corde à son collier, le donna à tenir à un gamin qui devait nous le rendre à la sortie.

Ce gamin s'acquitta de la mission avec le détachement d'un gaillard qui a perçu sa récompense, car, au moment où le corps venait d'être descendu dans la fosse et où les pierres commençaient à sonner sur la bière ce glas sinistre qui déchire le cœur, une masse noire, se glissant brusquement entre nos jambes, s'élança sur le théâtre de cette scène : c'était Caleb; d'un bond il sauta dans le trou béant et, avant que les fossoyeurs fussent revenus de leur surprise, il commença à écarter le rideau de terre qui le séparait du cercueil, où il sentait son ami.

Il fallut des efforts sérieux pour le ressaisir et l'entraîner. Certainement, avec un peu d'imagination, on pouvait supposer à cette pauvre et bonne bête la résolution bien arrêtée d'être ensevelie vivante avec les restes du maître qui l'avait aimée.

Un de nos confrères demanda Caleb à la famille de S..., qui lui concéda sans difficulté cette part de l'héritage.

Six mois après, nous dûmes, le nouveau propriétaire du caniche et moi, nous rendre au cimetière de Saint-Ouen pour examiner un petit monument qu'une souscription avait permis d'élever à la mémoire de l'artiste.

J'insistai pour qu'il emmenât Caleb. J'étais curieux de voir si le chien reconnaîtrait l'endroit où il avait été si douloureusement séparé de son premier maître. La complicité du marbrier nous permit de l'introduire dans l'enceinte funèbre. Hélas! il faut bien l'avouer, rien ne parla à la mémoire de Caleb; il flaira l'herbe verte sous laquelle notre ami commun dormait le grand sommeil, avec la même indifférence que le gazon banal qui avait poussé sur le voisin. Caleb avait oublié, exactement comme s'il eût été un homme.

Rendons justice aux bêtes, mais ne surfaisons pas plus leurs vertus que leur intelligence; elles n'ont déjà que trop d'occasions de nous humilier.

V

LES LIONS FAMILIERS.

Il existe en Allemagne un généreux personnage qui reprend les fastueuses prodigalités d'Héliogabale à son compte. Ce personnage ne porte ni couronne ouverte ni couronne fermée, c'est un simple commerçant, mais un commerçant certainement original, puisque ce sont ses marchandises elles-mêmes qu'il expose.

Nous avons déjà parlé ailleurs de cet étrange négociant de Hambourg qu'on appelle M. C. Hagenbeck; il recrute dans les quatre parties du monde, pour les ménageries publiques et privées du vieux continent, lions, tigres, panthères, pumas, éléphants, rhinocéros, serpents, crocodiles; il a des représentants de toutes ces espèces dans les cases de ses magasins, sans compter la menue monnaie du peuple des bêtes sauvages qui pullule dans les rayons secondaires.

S'il vous prend fantaisie d'entreprendre un petit commerce d'amitié avec le seigneur à la grosse tête, c'est à Hagenbeck que vous aurez à vous adresser. Lors d'une visite que nous rendîmes, il y a quelques années, à son établissement, il nous affirma qu'il avait des lions qui, pour la douceur, l'innocence, la fidélité, n'avaient rien à envier à un bichon.

Ces sortes de liaisons ont, à ce qu'il paraît, une saveur toute spéciale; l'inconvénient, c'est qu'elles finissent toujours par menacer de devenir trop intimes, le quadrupède résistant difficilement à la tentation de réaliser l'idéal de toutes les affections en ne faisant plus qu'un avec son ami.

Un ancien colonel de chasseurs d'Afrique que tous mes contemporains ont connu, le baron M..., avait ramené d'Algérie un très beau lion, avec lequel il vivait presque fraternellement; non seulement l'animal couchait sur un tapis devant son lit, mais le brave colonel s'en faisait escorter dans toutes ses promenades, ce qui ne laissait pas de produire une certaine émotion parmi les flâneurs du boulevard. Cette émotion avait le privilège d'exaspérer le maître; comme Hagenbeck, il protestait, mais en sacrant quelque peu, que le pauvre Mohamed, c'était le nom de son ami, pouvait rendre des points à tous ces pékins-là, en ce qui concernait les sentiments.

Un jour, cependant, je rencontrai Oreste sans son Pylade :

« Eh bien, mon cher colonel, lui dis-je en l'abordant, vous faites donc des infidélités à Mohamed? »

La figure du vieux soldat se crispa, et ce fut d'une voix brève et saccadée qu'il me répondit :

« Ah! ne me parlez pas de ce pauvre Mohamed; j'ai toujours été si vif! mais je l'expie cruellement, mille tonnerres! Figurez-vous qu'il y a quelques jours, cette malheureuse bête m'a déchiré une magnifique paire de bottes; la colère m'a pris : des bottes toutes neuves, des bottes de soixante-dix francs, morbleu! J'ai saisi un pistolet et, comme un imbécile, comme un fou, j'ai tué la meilleure et la plus inoffensive des bêtes! C'est un emportement dont je ne me consolerai jamais, mon ami! »

J'essayai de consoler le colonel, dont le visage portait l'empreinte d'une affliction vraiment sincère, et, en cheminant à ses côtés, je m'aperçus qu'il marchait avec difficulté et boitait fortement.

« Vous êtes donc éprouvé de toutes les façons, colonel? une de vos vieilles blessures s'est probablement rouverte.

— Oh! non, non, ce n'est pas cela, mon enfant, me répondit-il avec quelque embarras; mais, voyez-vous, j'ai oublié de vous dire que, quand ce pauvre Mohamed a déchiré mes bottes, mes jambes étaient dedans! »

Pour en revenir à Hagenbeck, le *great attraction* de son exposition consiste dans une meute de soixante hyènes; il exhibe encore

quarante reptiles de taille gigantesque, plus de cent crocodiles et dix mille tortues. Ces dernières sont destinées à des tombolas.

A la bonne heure! il vaut mieux digérer une *turtle-sup*, au risque d'une inflammation d'entrailles, que d'être digéré soi-même.

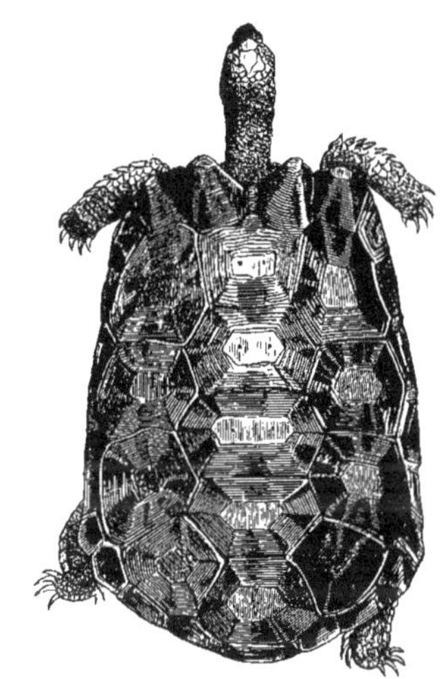

VI

LES SERPENTS.

Il est un ordre d'animaux dont la présence sur la terre contredit singulièrement cette doctrine du but final, qui représente l'homme comme le pivot de la création et le centre vers lequel convergent humblement l'universalité des créatures : — ce sont les serpents.

En dépit du rôle mélodramatique que la tradition lui prête dans l'aventure du paradis terrestre, des qualifications désobligeantes que le Deutéronome lui prodigue, et des comparaisons imagées dans lesquelles les poètes le font si désagréablement figurer, les serpents, même venimeux, nous rendent d'incontestables services en refrénant la multiplication de certains insectes, de petits rongeurs et de quelques reptiles encore plus incommodes qu'ils ne le sont eux-mêmes; d'un autre côté, il est absolument faux que les plus redoutables, le boa et les pythons exceptés, nous considérant comme un régal, manifestent la moindre animosité contre notre espèce; au moindre bruit de pas sur les sentiers, sur les feuilles sèches, les vipères comme les crotales s'écartent et se glissent rapidement vers leurs retraites.

En vérité, n'était le venin, nous ne devrions pas avoir de meilleurs amis. Alors pourquoi ce diable de venin?

J'ai posé la question à des apôtres du paradoxe ci-dessus; l'un d'eux me répondit que la Providence avait doté les serpents de cette arme exclusivement défensive pour contraindre l'homme à respecter et à laisser vivre un être indispensable à l'harmonie de l'univers; à mon tour, j'ai répliqué que cette explication ne tenait pas debout, attendu que ce don de sauvegarde serait précisément la cause de l'anéantissement, non seulement des variétés de reptiles qui en sont pourvues, mais des serpents inoffensifs dont il y aurait utilité à protéger la multiplication.

En effet, nous aurons beau prêcher la clémence, la débonnaire, l'innocente couleuvre, un des plus actifs protecteurs de nos céréales, qui n'a d'autre tort que de ramper, payera toujours de la mort sa fatale ressemblance avec la vipère. Hommes et femmes, jeunes et vieux, tueront toujours avant de distinguer entre l'un et l'autre, et, il faut bien l'avouer, cette aveugle rage n'est pas sans excuse.

J'ai bien souvent rencontré des vipères sur mon chemin; bien souvent des gardes, rompus à la marche dans les bois, familiarisés avec ces entrevues, m'ont du doigt indiqué le serpent, levé sur le revers d'un fossé, sous quelque buisson d'épines; si certains que nous fussions du dénouement l'un comme l'autre, il m'a toujours semblé que la voix de mon compagnon avait perdu de son assurance ordinaire; moi-même, jamais je n'ai échappé à une impression spéciale; on l'appelle de l'horreur, je l'accepte pour la manifestation d'une terreur instinctive à laquelle difficilement on échappe.

Un coup de baguette va faire de ce vil reptile deux tronçons inertes, mais cela parce que le premier vous l'avez aperçu; autrement, si votre pied s'était imprudemment posé à côté d'un de ces serpents, ce serait peut-être à vous de vous tordre sur la terre, en proie à d'horribles souffrances, et ce danger auquel vous venez d'échapper, vous

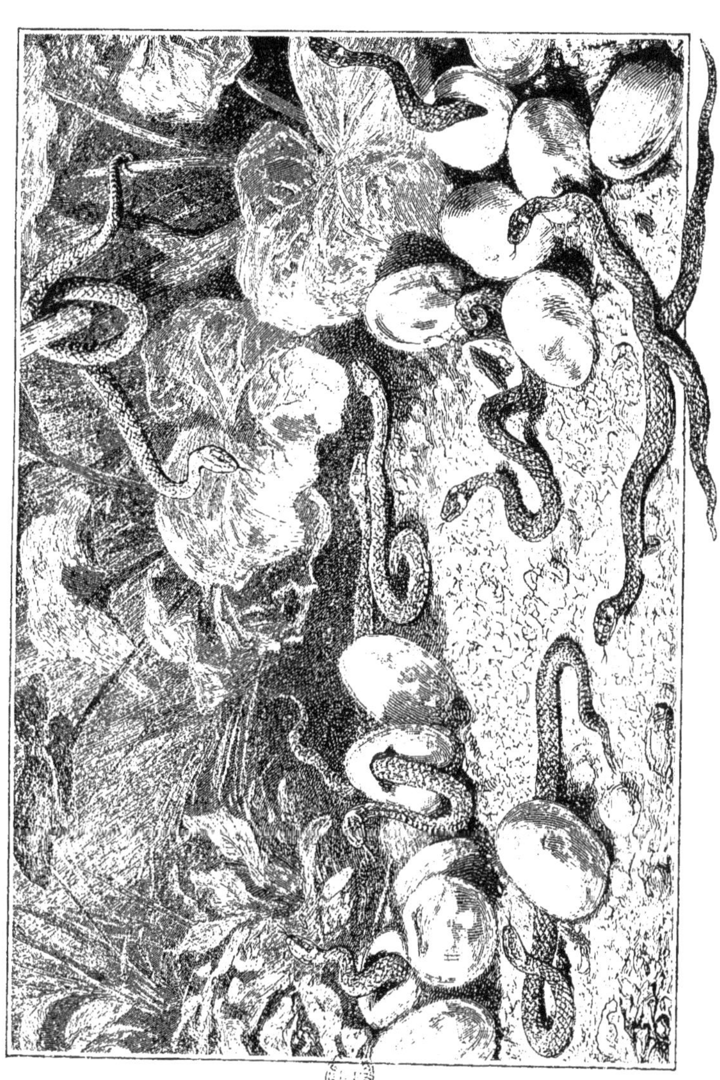

le retrouverez peut-être à vingt pas; il se reproduira peut-être aussi dix fois dans la journée, toujours imprévu et toujours redoutable. C'est à cette perspective, à la conscience de cette permanence du péril, qu'il faut attribuer la sensation particulière que soulève l'aspect de la vipère; elle doit être vive chez les pauvres gens des campagnes, bien plus exposés, puisque le plus souvent ces bois, ces bruyères infestés, ils les traverseront jambes nues et les pieds chaussés de sabots.

J'ai retrouvé, toujours vivace, dans un coin perdu de la Sologne, une légende sur la reproduction des vipères, laquelle a l'honneur d'avoir eu pour premiers éditeurs Hérodote, Pline, Plutarque, Élien, et plusieurs Pères de l'Église, et d'avoir servi de point de départ à la pénalité dont la législation romaine frappait le parricide en l'enfermant dans un sac rempli de ces reptiles.

Suivant cette légende, il en serait des vipères comme de certaines araignées; la femelle trancherait avec ses dents la tête de son ex-seigneur et maître; puis, dignes continuateurs d'Oreste, les petits, à leur tour, vengeraient la mort de leur père en déchirant, pour faire leur entrée dans le monde, les entrailles de celle qui les a conçus!

Nous avons à peine besoin d'ajouter que cette histoire naturelle appartient de bout en bout au domaine de la fable. Non seulement la vipère, mâle et femelle, est dans l'impossibilité absolue de trancher quoi que ce soit avec ses dents, mais la nature semble avoir voulu garantir ces êtres les uns contre les autres en les rendant insensibles aux morsures qu'ils peuvent se faire entre eux. L'expérience de l'innocuité du venin de la vipère pour la vipère a été faite par Fontanes.

L'engendrement des vipères n'en reste pas moins assez extraordinaire; elles éclosent d'un œuf et sortent cependant vivantes du sein de leur mère. La durée de la gestation est d'environ quatre mois, pendant lesquels les œufs, dont l'enveloppe est membraneuse, au lieu d'être calcaire, demeurent dans le sein maternel. Vers la fin de cette singulière couvaison, les quinze ou vingt petits, devenus assez forts pour briser la membrane, restent encore quelques jours enroulés dans ses débris; puis la mère s'en délivre, et ceux que l'on surprend peu de temps après l'éclosion portent encore quelques vestiges de leur enveloppe attachés à leurs écailles.

Les vipères sont, en France, beaucoup plus communes qu'il ne le faudrait; il n'est pas d'années, dans certaines régions, il n'est peut-être pas de villages où l'on ne puisse signaler quelque catastrophe produite par les morsures de ces redoutables reptiles. Pour l'homme, elles sont rarement mortelles; elles peuvent le devenir pour l'enfant, pour la femme, tout comme pour certains animaux domestiques; elles provoquent trop souvent des paralysies, un état morbide qui, en se prolongeant, trouble singulièrement l'existence de ceux qui en ont été les victimes.

On se préoccupe avec raison d'assurer la salubrité des villes par une expurgation rigoureuse de tout ce qui peut compromettre la santé de leurs habitants; la sécurité des travailleurs des champs n'a pas moins de droits à la sollicitude des administrations et des conseils dont ils relèvent; la destruction des vipères se classe au premier rang des règlements de voirie qui pourraient assurer cette sécurité.

Quant au moyen d'obtenir la disparition de ces dangereux animaux, il a fait ses preuves : il a amené sur certains points une diminution considérable des accidents; s'il n'a pas fait mieux, c'est que jamais il n'a été appliqué avec une suite, avec une persévérance indispensables; nous voulons parler des primes payées par tête de vipère présentée. Nous sommes convaincu que les conseils généraux des départements où subsiste cette lèpre rendraient un utile service à leurs populations en consacrant chaque année une modeste somme à ces destructions. En même temps, si puissant que soit le préjugé dont nous avons parlé, il nous semblerait à propos qu'une image coloriée des diverses variétés de nos serpents indigènes fût exposée dans nos écoles, pour mettre les enfants à même de reconnaître ceux qu'ils peuvent poursuivre et tuer, d'avec ceux qu'ils doivent laisser vivre.

VII

L'ABLETTE.

La pêche s'est ouverte le 15 de juin dans de bonnes conditions; la température ayant été assez élevée, il n'est pas impossible que la période du frai ait coïncidé avec les prescriptions immuables de l'administration. Une fois n'est pas coutume.

La physionomie des pêcheurs qui ont fêté ce grand jour, la ligne à la main, a pu vous renseigner sur ce point.

Si vous les avez vus rentrer l'oreille basse, la mine allongée, cela voulait dire que l'on s'était encore, cette année, trop hâté d'ouvrir la carrière à leurs appétits piscivores. Tant qu'il a charge d'œufs ou de laite, le poisson ne mange pas, ne touche pas aux amorces, et, par conséquent, ne s'accroche pas à l'hameçon.

C'est généralement l'ablette qui fait les frais de ce premier engagement. Un charmant poisson que cette ablette, qui joue dans les surfaces le rôle d'expurgateur que le véron, que le goujon tiennent sur les fonds sablonneux.

Le mouvement est sa vie; du lever au coucher du soleil, elle va, vient sans relâche, le nez dans le courant, tantôt se rapprochant des bords, tantôt croisant au milieu du fleuve, s'enfonçant, remontant, puis émergeant en partie de la nappe cristalline sur laquelle elle passe rapide comme un éclair d'argent, toujours à l'éveil, accourant au moindre frisson qui se traduit autour d'elle, alerte à saisir les moucherons, les vermisseaux que la chance conduit à sa portée, sans cesse en action et jamais rassasiée, comme il convient à un fonctionnaire dont l'estomac est responsable de la pureté et de la salubrité des eaux.

Il est agréable, mais vraiment trop ténébreux, ce peuple écaillé : peut-être y aurait-il pour lui surcroît de dangers à se prodiguer, mais il ne se montre vraiment pas assez pour qu'on s'intéresse à ses représentants autrement que lorsqu'ils figurent sur un lit de persil.

C'est en cela que les cyprins, auxquels appartient l'ablette, se distinguent de leurs concitoyens. Ne se confinant point dans les profondeurs, comme font la plupart de ceux-ci, soit par modestie, soit par appréhensions également exagérées, elle anime par ses incessants virages, par les bouillonnements miroitants qu'elle provoque, ces eaux dont l'aspect est toujours un peu monotone, en dépit des effets magiques qu'on leur découvre en lâchant la bride à son imagination.

A ces mérites purement pittoresques, l'ablette joint celui, beaucoup plus apprécié des pêcheurs, d'être semée dans nos fleuves avec une heureuse profusion, et, en raison de sa voracité, de mordre assez facilement à la ligne.

Sa réputation sur ce dernier point est peut-être un peu surfaite; la qualification de « pêcheur d'ablettes », par laquelle les disciples de saint Pierre arrivés qualifient généralement les néophytes et les philistins, ne nous semble pas parfaitement justifiée.

On prend aisément une douzaine d'ablettes en amorçant soit avec des mouches, soit avec des vers de viande; mais très souvent aussi le succès s'arrête là. Peut-être ces poissons tirent-ils un bénéfice de leur sociabilité relative; ils vont par troupes, et le sort de leurs compagnons peut leur inspirer une méfiance salutaire. Aussi les pêcheurs expérimentés changent fréquemment de place lorsqu'ils visent l'ablette.

Au point de vue gastronomique, la capture est médiocre. Certainement, on mange une friture d'ablettes que l'on a prises de ses propres mains; dans ces conditions que ne mangerait-on pas? Si cet assaisonnement lui manque, c'est un pauvre régal que cette chair maigre, sèche, dépourvue de saveur.

L'industrie peut, il est vrai, vous fournir le placement de vos cap-

tures. Les écailles de l'ablette, comme celles du gardon blanc, du dard et des blaquets, ou plutôt le pigment nacré que l'on en extrait, entrent dans la composition des perles fausses. Mais comme il faut, nous a-t-on dit, 250 de ces poissons pour obtenir un gramme de cette nacre que le commerce appelle l'essence d'Orient, et que leur capture à la ligne exigerait probablement plusieurs journées d'application, c'est une spéculation à laisser aux pêcheurs de profession, et nous vous engageons à utiliser vos prises en en garnissant vos hameçons à anguilles, pour lesquelles ils sont une excellente amorce. Elles font encore merveille comme appât dans les petits verveux et les pochettes à écrevisses.

VIII

LE LÉZARD.

Nous avons déjà eu l'occasion de nous élever contre les calomnies dont la sagesse des nations poursuit les animaux, sous prétexte de dictons et de proverbes; nous y reviendrons à propos de la férocité dont nous taxons si volontiers les grands carnassiers, et qui n'est en réalité que la traduction d'un formidable appétit.

Une panthère déchirant de ses ongles la gazelle qu'elle vient de surprendre, plongeant avec quelques délices son mufle dans le sang jaillissant des chairs pantelantes, ne nous semble que tout juste aussi dépravée que cette jeune et jolie femme à laquelle on offre une tranche de gigot, et qui prend sa voix la plus flûtée pour demander que le morceau soit saignant et qu'un soupçon de jus, c'est-à-dire de sang, l'agrémente.

Tout cela est dans l'ordre de la nature, et nous n'y voyons pas plus de prétexte à indignations que de matière à surprises.

Mais l'homme ne s'en tient pas là; donnant seul la mort par désœuvrement ou par plaisir de la donner, seul aussi il mérite la qualification de cruel.

Cette perversité nous est spéciale. Si bête que soit un tigre, il devient clément et débonnaire quand son estomac est rempli, et s'il combat, ce sera pour se défendre, ou parce qu'il est incité par quelque passion violente. Le loup, il est vrai, s'il parvient à entrer dans une bergerie, s'abandonne au carnage avec une volupté évidente;

mais ce délire de tueries peut être considéré comme une conséquence morbide de la faim qui lui a tenaillé les entrailles; et puis, en somme, il ne serait pas le premier qui aurait eu les yeux plus grands que le ventre.

Nous avons quelquefois pris à partie les disciples de saint Hubert qui tuent sottement un oiseau, de son vivant inoffensif, et qui, mort, ne sert à rien; ceux-là ont, du moins, pour justification le rôle de Jupiter tonnant dans lequel ils sont entrés. Quelle excuse alléguer quand la victime, n'étant pas moins intéressante, on n'a ni l'entraînement ni la contagion de l'exemple à invoquer?

Ces jours derniers, aux premières tiédeurs de l'atmosphère, s'est éveillé un aimable petit être, le seul parmi la désagréable tribu des reptiles que la nature ait fait joli, probablement pour nous intéresser à sa destinée, et qui n'en figure pas moins parmi les objectifs ordinaires de cette férocité gratuite : c'est le lézard des murailles, notre lézard gris.

Le lézard n'a contre lui que le peu d'importance que nous attachons à la vie d'un animal d'une taille aussi minuscule : préjugé absurde, fatal aux petits, en contradiction avec nos principes de sollicitude pour les déshérités.

On est, du reste, d'autant plus mal fondé à le maltraiter à cause de sa petitesse, qu'elle est l'élément de sa grâce, une des causes de sa vivacité charmante.

Un gros lézard rentre dans la catégorie des monstres et a le caïman pour chef de file; le lézard gris s'isole du groupe autant par l'agilité de ses mouvements, l'élégance de ses formes, que par l'innocence de ses mœurs.

Cet ermite des vieux murs est la distraction du solitaire; lorsque, sorti de la crevasse qui est sa maison, il se glisse sur les pierres effritées, auxquelles l'espalier fait un manteau de verdure, l'œil se complaît à le suivre dans ses capricieuses excursions autour de son étroit domaine.

Il ne semble pas redouter la présence de l'homme, tant s'en faut. Pourquoi verrait-il en lui un ennemi? Une simple bête ne saurait avoir la prescience des idées bizarres qui peuvent traverser la cervelle d'une créature intelligente.

Il va, vient, tantôt d'une course précipitée sur cette surface perpendiculaire, tantôt par courts trajets, comme s'il se promenait. S'il rencontre une éclaircie de feuillage par laquelle le soleil arrive directement à la muraille, il s'y arrête, et, dans une immobilité presque complète, il en savoure les rayons brûlants avec un sentiment voluptueux que traduisent les molles ondulations de sa queue déliée, redressant sa tête cendrée et fixant sur le spectateur des regards d'une expression singulièrement tendre.

Cette station, il la prolonge quelquefois pendant des heures, et elle a suffi pour qu'on en fît le type de la paresse.

Le lézard est paresseux à la façon du héron, condamné, lui aussi, au rude labeur de l'affût; ce sont des mouches, des fourmis que le reptile attend dans ce poste privilégié et que sa langue alerte saisira dans leur vol avec une adresse rarement en défaut. Il est, d'ailleurs, si doux ce péché de paresse, de flânerie inconsciente, à cette heure de midi où les plantes elles-mêmes semblent fatiguées d'avoir à porter leurs feuilles et leurs fleurs, où l'engourdissement vous arrive avec la brise tiède que vous respirez, que nous n'en ferions pas un crime au lézard; nous lui envierons bien plutôt son privilège de sommeiller paisiblement dans un trou pendant la saison maudite où l'astre qui représente toutes les joies de ce monde nous délaisse et nous abandonne.

Encore une fois, pourquoi tuer cet innocent entre les innocents? Nous renonçons volontiers à rallier à la clémence les bipèdes, ayant l'âge de raison, qui ne sauraient voir de lézard courir sur un mur sans lui lancer une pierre ou essayer de le briser avec un bâton; il n'y a point de fanatisme aussi réfractaire à la persuasion que la bêtise.

C'est aux enfants, qui en font trop souvent la victime de leurs jeux, que nous nous adressons, que nous recommandons la pitié pour cette pauvre créature : elle est bien petite, elle est bien faible, bien dépourvue de défense; mais eux-mêmes ne seraient-ils pas quelque peu à plaindre, si la force était un droit d'oppression?

Je sais bien que leurs intentions sont les plus pures du monde, qu'ils ne veulent s'emparer du lézard que pour lui ménager un asile sur leur pupitre, et l'y gorger de mouches et de vermisseaux.

Je leur rappellerai qu'il leur est probablement arrivé, en rencontrant une haie toute constellée des clochettes de velours et de satin qui étaient les fleurs favorites de Victor Hugo, et qu'on appelle les liserons, de vouloir bien en faire un bouquet; ils avaient à peine achevé leur cueillette qu'ils n'avaient plus entre les mains qu'un paquet de corolles fanées et flétries, devant lequel, consternés, ils ont amèrement regretté d'avoir dépouillé le beau buisson.

Le lézard n'est pas moins susceptible que la fleurette; neuf fois sur dix, sa queue se brisera dans la petite main qui essayera de la saisir, et la conquête se résumera en remords.

Qu'ils se disent donc que si la nature a fait ce charmant reptile si fragile, c'était pour mieux lui assurer le plus respectable, le plus sacré de tous les biens, la liberté.

IX

LES RAPACES DIURNES.

Avec la tribu des chanteurs, le printemps a la maladresse de nous ramener le clan désagréable des oiseaux de carnage.

Si, comme vous le voyez, nous les accueillons avec moins d'enthousiasme que les premiers, ce n'est point que nous leur fassions un crime de leurs appétits; en dehors des honnêtes herbivores et granivores, tous les êtres ne sont-ils pas tour à tour des mangeurs et des mangés? et le rossignol, dont j'ai célébré les vertus, ne met-il pas quotidiennement à mort des centaines de créatures ayant, il est vrai, le tort d'être à un degré au-dessous du sien dans la hiérarchie, mais n'en appréciant pas moins les petites joies que l'existence réserve à la chenille aussi bien qu'au maître d'empire?

Nous nous montrerions donc plein d'indulgence pour le menu ordinaire des rapaces, si nous n'avions trop souvent à faire les frais de la carte à payer.

L'irrévérence avec laquelle ils s'attaquent à nos sujets est la grande et seule raison de l'antipathie qu'ils nous inspirent; nous avons bien souvent admiré la hardiesse et la puissance de leur vol, la beauté de leur plumage, la fierté de leur regard; mais, ne pouvant pas déroger à cette tradition de notre espèce qui consiste à juger chacun au point de vue de notre égoïsme, nous n'avons jamais réussi à ne pas souhaiter leur effacement.

Avec son feuillage gaufré aux marbrures satinées, sa tige hérissée d'aiguillons et son aigrette d'un si beau pourpre violacé, le chardon est certainement une plante magnifique; cependant, elle nous offusque au milieu d'un blé. Les falconidés sont les chardons de l'ornithologie.

L'extirpation de ceux-là est malheureusement difficile. Chez l'être condamné à avoir recours à lui pour se sauvegarder, aussi bien que pour conquérir sa proie, l'instinct de la ruse arrive à son plus haut développement.

Le loup et le renard, dont la finesse est tant vantée, ont de dignes émules dans les autours, les éperviers, les crécerelles.

Mieux doués, trouvant dans le théâtre spécial de leurs rapines, comme dans le privilège du vol, de plus grandes facilités pour l'exercice de la force brutale, c'est le plus souvent par la lutte ouverte qu'ils s'attaquent à leurs tributaires; mais, si la victime témoigne de quelque récalcitrance, ils ne se montrent jamais, dans leur tactique, inférieurs aux carnassiers terrestres.

Les espèces que nous venons de citer sont à peu près les seules avec lesquelles nous ayons à compter, à dater du mois de mai. Les premiers rôles du genre faucon, faucons, milans, etc., traversent notre pays, séjournent quelquefois, mais, recherchant un théâtre plus sauvage pour leurs nids, vont s'apparier dans les contrées montagneuses ou septentrionales.

C'est déjà un voisinage suffisamment désobligeant que celui de ces tyranneaux.

Oh! qu'ils en reproduisent fidèlement la physionomie et les allures, ces oiseaux! Le port est hautain et farouche, l'œil chargé d'éclairs: le cri, bref, saccadé, ressemble à une menace; leur repos, ils le consacrent à préparer le carnage, à fourbir les armes, le poignard recourbé qui est le bec, les harpons qui sont les serres.

Solitaires, en dehors de la saison des nids, ils ne voient dans leurs semblables que des concurrents à la curée.

Leurs mœurs conjugales sont bien celles des héros de sac et de pillage. Ils ne charmeront pas leur compagne par leur chant comme le rossignol, par la magnificence de leur habit comme le paon, par leur grâce, leur coquetterie, comme le coq de bruyère; comme les châte-

lains bandits du moyen âge, qui éblouissaient leurs fiancées en faisant défiler leurs hommes d'armes devant elles, ils séduisent leur femelle en déployant devant elle la puissance de vol dont ils sont doués.

Au mois d'avril dernier, nous avons assisté plusieurs jours de suite aux préludes nuptiaux d'un ménage d'autours.

Le soir, au moment où, le soleil s'inclinant vers l'horizon, la

vallée entrait dans l'ombre, tandis que les grands bois de la colline s'embrasaient des derniers feux de l'astre, le mâle, facile à reconnaître à sa taille, jetait quelques cris gutturaux terminés par une note suraiguë.

A ce signal, la femelle ne tardait guère à le rejoindre dans les airs; elle montait, s'élevait encore, s'élevait toujours, et le mâle exécutait la même ascension, mais par une suite d'immenses spirales décrites avec une rapidité merveilleuse; on les voyait un instant planer, semblables à deux points sur le ciel; mais l'épreuve était complète : l'autour ayant démontré que ni la vitesse ni la hardiesse de sa fuite ne pouvaient préserver une victime de ses serres, la femelle ne refusait plus de suivre son époux; je les voyais se précipiter l'un à la suite de l'autre de ces hauteurs vertigineuses, tomber avec des façons d'aérolithes et disparaître au milieu des branches de la futaie, encore dégarnies de feuilles, mais déjà suffisamment abritées.

Si avec de pareils concitoyens vous possédez un pigeonnier, très probablement vous aurez l'honneur de fournir le repas des noces, puis les dîners de gala de la petite famille qui s'ensuivra.

Son nom d'*astur palumbarius*, voilà la seule chose que ce rapace n'ait pas volée. Il a une appétence décidée pour la chair de ces favoris de Vénus; le fameux pari, qui a rebuté les fourchettes les plus intrépides, d'un pigeon quotidiennement mangé trente jours de suite, il serait oiseau à le gagner.

Quelques précautions que vous preniez, quelque surveillance que vous exerciez, il les déjouera.

Planer et fasciner sa victime, c'est un procédé du vieux jeux, une rengaine que l'autour se garde bien d'utiliser contre le peuple roucoulant; il voit des bipèdes rôder dans les alentours, il sait fort bien qu'il aurait des chances pour être dûment foudroyé, tandis qu'il se livrerait à ce préambule traditionnel.

Avec l'affût, le danger devient moindre; il se pose en sentinelle sur quelque cime dominant l'habitation des objets de sa convoitise, suit à la fois tous leurs mouvements et les allées et venues des protecteurs; puis, quand l'occasion lui semble favorable, il part d'une aile leste, quelquefois en rasant le sol, toujours en se couvrant, soit d'une haie, soit d'un mur : arrivé au but qu'il s'est désigné, il s'élève et retombe perpendiculairement, enlève un pigeon dans le groupe et disparaît, mais sans négliger de s'abriter encore, s'il le peut.

Tout cela s'exécute avec une dextérité qui ressemble à de la prestidigitation.

Un jour que nous nous étions mis en faction le fusil au poing, l'essor tumultueux des pigeons épouvantés, les cris spéciaux que jettent coqs et poules en pareil cas, nous apprirent que l'ennemi venait de se montrer; en comptant les habitants du colombier, nous nous aperçûmes qu'il avait fait un peu mieux : il avait pris un pigeon sous nos yeux en se masquant si adroitement du pignon du bâtiment, que nous n'en avions absolument rien vu.

On a, il est vrai, la ressource des pièges; mais, soit que la paternité les ait rendus plus méfiants, soit que ses soins aient modifié leurs habitudes, les falconidés donnent rarement dans ces pièges pendant la saison des nids et de l'éducation de leurs petits, et le grand-duc, à l'aide duquel nos voisins d'Allemagne les détruisent en si grand nombre au moment des passages, semble alors également avoir perdu la puissance attractive qu'il exerce sur eux.

Cependant, si on remarque que l'ennemi, autour ou épervier, a l'habitude de prendre terre dans les environs, ou de s'y brancher à courte distance du sol, on peut y tendre en jardinet un traquenard, que l'on amorce avec un paquet de plumes de pigeon blanc.

Le seul expédient efficace, l'*ultima ratio* de la défense, consiste à chercher l'aire des oiseaux de proie, à s'embusquer, à tuer le père et la mère au moment où ils y reviennent, et, si on a la malechance de n'accomplir sa tâche qu'à moitié, à démolir nids, œufs ou nichées à l'aide d'une demi-douzaine de balles bien placées.

L'exécution vous laissera sans remords, d'abord parce que vous en recueillerez les bénéfices, mais également parce que vous vous serez délivré d'un vivant cauchemar.

Ces oiseaux de rapine, on ne les contemple jamais sans une certaine crispation du cœur; dans leur vol tournoyant ils sont mieux que l'emblème, ils sont une des figures de cette mort qui, planant sur le monde, cherche parmi nous le plus utile, le plus aimé, le plus heureux, pour l'arracher à ses triomphes, à ses tendresses, à ses joies, en le faisant rentrer dans le néant.

X

LE CHAT.

On a écrit quelques centaines de volumes en l'honneur du chien; le chat n'a inspiré qu'un très petit nombre de pages, si éloquemment passionnées que l'on peut les considérer comme des poèmes en prose.

On peut exécrer ce félin, les sympathies qu'il inspire sont même assez circonscrites; quand on l'aime, on ne l'aime jamais à demi.

Et puis, ses panégyristes avaient à le venger d'une certaine injustice de l'opinion : avec cette manie du parallèle dans laquelle versent tous ceux qui se mêlent de psychologie, on a rapproché le dévouement de la race canine de l'indépendance de cœur dont les chats nous offrent de si parfaits modèles, pour exalter la première aux dépens des seconds; c'était à peu près aussi raisonnable qu'il le serait de taxer le chêne d'infériorité, parce qu'il produit des glands et non pas des cerises.

Cet illogisme n'en devait pas moins donner une certaine vivacité aux représailles, et c'est ainsi que notre pauvre camarade, payant les frais d'une campagne dont il ne se souciait guère, a vu son abnégation qualifiée de bassesse et de platitude, ce qui n'était pas beaucoup plus raisonnable.

C'est, du reste, calomnier le chat que de le représenter comme incapable d'attachement; il n'en est pas prodigue, mais il en est susceptible.

Il faut certaines circonstances spéciales pour lui faire abdiquer son indifférence un peu hautaine, et encore ses manifestations resteront-elles toujours subordonnées à ses caprices.

Ses amis nous semblent pouvoir se fractionner en deux catégories : nous rangerons dans la première quelques gens d'esprit, tentés par la mise en action d'un paradoxe, les poètes amoureux d'esthétique, cédant aux séductions d'une création de premier ordre, d'un type

accompli de gracieuse élégance et de propreté méticuleuse, captivés par ses affinités matérielles et immatérielles avec le sexe charmant de notre espèce.

La prédilection de cette fraction des partisans du félin ne dépasse pas toujours le platonicisme, mais c'est chez elle qu'il recrute ses avocats les plus entraînants; un de ses plus fidèles, Théophile Gautier, lui a consacré quelques pages, dont la valeur littéraire n'est point au-dessous des plus célèbres morceaux oratoires inspirés par quelque gloire défunte.

La seconde de nos deux catégories est autrement nombreuse : elle se compose des déclassés du sentiment, vieilles filles, vieilles femmes, toujours possédées du besoin d'aimer, et assez abandonnées des gens et des choses de ce monde pour n'avoir plus à choisir, dans le placement de leurs tendresses opiniâtres, qu'entre le bon Dieu et le chat.

Généralement, celui-ci se montre bon prince et s'accommode du partage, pourvu que les profits positifs, caresses continuelles, nourriture de prébendaire, attentions délicates, etc., etc., figurent dans la part à lui réservée; alors, mais alors seulement, il fait violence à son naturel, il se transforme et s'oublie

un peu en rendant affection pour affection.

On rit généralement de ces sortes d'attachements; le dénuement, qu'il affecte le corps ou le cœur, est chose vénérable; cette bête, avec laquelle se console la pauvre créature délaissée, mais encore affamée d'affection, nous paraît respectable au même titre que le haillon qui est la livrée de la misère. En ce bas monde, on aime qui on peut, et non pas qui on veut.

Les exemples ne manquent pas pour démontrer qu'en pareil cas l'animal ne reste pas au-dessous de l'amitié qu'il a inspirée; nous n'en citerons qu'un.

Dans une ville de province, une vieille femme, étant tombée gravement malade, fut transportée à l'hospice sur le brancard des indigents.

Cette femme avait pour unique compagnon dans son taudis un chat, qu'elle se désolait de laisser à l'abandon. Deux jours après, elle fut réveillée par un ronronnement qui la fit tressaillir; un chat sauta sur son lit et vint se frotter à son visage : c'était le sien.

Comment cette bête avait-elle pu réussir à retrouver l'endroit où on avait transporté sa maîtresse, au milieu d'une ville de 25.000 habitants et en franchissant plus d'un kilomètre? Ceci est un secret de cet instinct dont nous avons bien peu pénétré les mystères.

Toujours est-il que, la bonne femme étant morte quelque temps après, les sœurs de l'hospice essayèrent de conserver ce chat, dont l'attachement les avait touchées; elles y réussirent pendant deux jours, durant lesquels il resta constamment couché sur le lit qu'avait occupé la malade. Ce lit ayant été donné à un nouveau venu, l'animal disparut, et on ne le revit ni à l'hospice ni à son ancien domicile.

Si nous sortons du domaine des exceptions, nous devons reconnaître que le chat n'est point, comme le chien, bête à conclure des marchés de dupes; son instinct égoïste, servi par un levain d'indépendance que jamais il n'abdique, le sert mieux, le rapproche davantage de la raison que l'intelligence sentimentale de celui-ci.

Si son maître ne se soucie pas de lui, il lui prouvera tout de suite qu'il en a autant à son service, en ne le considérant que comme un des meubles meublants de la maison que lui, chat, il tient pour sienne. Sans doute, il se caressera quelquefois à la main, aux mollets de l'un des bipèdes ses commensaux, mais ce sera uniquement pour se procurer une sensation qui lui est agréable.

De même, s'il se met en rond sur vos genoux pour y faire sa sieste, Mademoiselle, il y a gros à parier que ce qu'il prise surtout dans votre compagnie, c'est l'étoffe tiède et moelleuse de votre robe.

On le classe parmi les animaux domestiques, il conviendrait peut-être mieux de l'intituler un animal apprivoisé, puisque, abandonné, il revient sans transition à la vie sauvage. Sa pseudo-domesticité ne le gêne jamais; il en prend et il en laisse; il en laisse même ordinairement beaucoup.

Dans ces dernières années, son utilité a été assez vivement contestée; la race, peut-être amollie par la civilisation, ayant lâché pied devant les gros rats moscovites que l'invasion de 1815 nous a laissés en guise de memento, on a pris acte de cette défaillance pour essayer de le destituer au profit du chien terrier, lequel, hâtons-nous de le dire, ne se prête qu'imparfaitement aux affûts patients qu'exigent les rongeurs du petit format.

C'était, du reste, peine perdue; si le chat est une inutilité, il est une inutilité aimable; et nous en avons tant qui ne le sont guère, que nous devons nous garder de sacrifier celle-là.

Le chat est l'hôte indispensable de la maison des champs; ceux-là mêmes chez lesquels il n'excite ni sympathie ni antipathie le regretteraient s'il était banni; ils se sont habitués à le rencontrer marchant ou trottinant sur ses semelles capitonnées de velours, dans tous les coins et recoins du logis; visitant le grenier après la cave et la cave après le grenier, selon sa fantaisie; s'improvisant un gîte, pour dormir en épicurien, partout où il peut jouir de la combinaison d'un rayon de soleil qui lui caresse l'échine et d'un bout de tapis, d'étoffe ou même de sac qui lui tienne les pattes chaudes; saluant celui ou celle qui survient par une petite plainte spéciale qui est son bonjour le plus cordial; poussant la déférence jusqu'à se lever d'un geste brusque et nerveux en arrondissant son dos, en redressant sa queue tremblotante, et enfin jusqu'à renoncer à son somme pour venir frotter sa tête contre les tibias de celui dans lequel il a reconnu un ami.

Ce serait surtout dans les alentours de la grande cheminée que son absence laisserait un vide qui ne serait pas rempli. Elle représente son séjour de prédilection aux heures où l'âtre et la ménagère se reposent. Accroupi le long des hauts landiers, les pattes sur les cendres tièdes, immobile, ne traduisant la vie que par des légers frissons qui courent sur son pelage soyeux, avec son ronron monotone qui scande le tic tac du coucou, il devient la personnification saisissante du génie familier de ce foyer.

Si cette proscription menaçait de se réaliser, le chat trouverait dans la famille un avocat pour plaider sa cause : ce personnage, qui, s'il ne parle pas très haut, est toujours grandement écouté, c'est l'enfant.

Bien que sa mère, qui redoute les éraflures à la peau, le lui ait désigné comme une mauvaise connaissance avec laquelle il ne fallait pas frayer, en raison de cette recommandation peut-être, Baby entretient toujours avec Minet un certain commerce d'amitié. Baby a des façons un peu rudes; entre autres mauvaises habitudes, il a celle de tirer les oreilles et la queue de ses amis, de les porter sous son bras comme un paquet, sans trop s'inquiéter dans quel sens se trouve la tête : mais il est si prodigue de tendres démonstrations, si généreux de son lait et de sa crème, quand il en a de trop pour lui, qu'en dépit de l'humeur susceptible et grincheuse de sa race, Minet témoigne une certaine reconnaissance, une longanimité intéressée, et qu'il est assez rare qu'il se révolte.

Ce respect de la faiblesse de l'enfant, on le retrouve chez le chat comme chez le chien; une personne adulte, qui les traiterait de la sorte, les trouverait moins accommodants.

Si la présence du chat dans nos habitations rurales est à la fois nécessaire et agréable, il peut arriver aussi qu'elle ait des inconvénients. Cet animal pousse quelquefois trop loin l'indépendance à laquelle nous avons attribué une bonne part de l'originalité de son tempérament; si la plume chatouille plus agréablement ses appétits que le poil, il délaissera absolument les souris pour se vouer à l'extermination des oiseaux; il ne vous rendra plus aucun service, mais il fera le vide dans vos bosquets.

Ce n'est pas tout : une fois lancé dans la voie du crime, il élargira de plus en plus le cercle de ses rapines, gagnera les champs et deviendra un redoutable braconnier.

Il nous en coûte de prononcer un arrêt aussi sévère; mais nous considérons comme un devoir de déclarer qu'en pareil cas la mort est la seule leçon qui corrige le coupable. Nous avons mis en œuvre tous les autres arguments pour amender un brigandeau de cette catégorie, nous y avons perdu nos coups de fouet et nos chiens leurs dentées.

On prétend qu'en coupant les oreilles aux chats qui donnent aux oiseaux, l'eau et la rosée, en tombant dans leurs cornets auditifs, les dégoûtent de ce vilain métier : nous l'essayâmes; notre matou, rasé de près, se trouva pourvu d'une magnifique tête de galérien; mais, soit qu'il fût moins impressionnable, soit qu'il s'affublât d'un bonnet quand il s'en allait en guerre, il ne s'obstina pas moins à courir la pretantaine.

Un jour, il fut pris en flagrant délit au moment où il venait de mettre à sac le nid d'un pauvre rossignol dont il avait mangé l'épouse, et sa condamnation fut prononcée à la presque unanimité des voix : la cuisinière seule s'entêtait à plaider pour le meurtrier, et, ne pouvant nier le forfait, elle se rabattait sur les circonstances atténuantes.

« Voyez-vous, Monsieur, cet oiseau-là l'agaçait !

— Comment ? demandai-je, un peu étonné qu'un simple rossignol se montrât aussi provocateur que le fameux lapin.

— Pardine, me répondit-elle avec conviction, il ne faisait que *gueuler*... toute la nuit ! »

XI

LES TOURTERELLES.

Le bois est désert et abandonné comme une ruine; un pinson qui sautille sur les branches dénudées, quelques corbeaux qui transitent d'un vol silencieux à des hauteurs recommandées par la prudence, voilà ce qui reste de ce monde voltigeant et gazouillant qui, il y a quelques mois, vivifiait cette solitude. Devant ce vide de l'hôtellerie, nous nous trouvons réduit à vous parler de ceux qui sont partis.

Ce matin, en traversant le taillis, nous avons aperçu, sur les branches basses d'un chêne, un nid de tourterelles; le couple avait bien choisi l'emplacement du berceau de ses chers petits : au temps où il avait son rideau de feuillage, dix fois nous sommes passé sous cet arbre sans soupçonner qu'une famille s'élevait à deux pieds au-dessus de notre tête; le gîte a résisté à l'assaut des vents et des pluies de l'automne, les bûchettes dont il est construit ont gardé leur place, quelques plumes grisâtres y adhèrent encore, on pourrait croire que les locataires absents vont y rentrer tout à l'heure.

Peut-être, en effet, y reviendront-ils lorsque le printemps aura rendu à la glane de l'oiseau ses aubaines, au paysage ses sourires, à l'arbre son rempart tutélaire; jusque-là ils resteront où ils s'en sont allés en septembre, aux premiers frissons d'automne, dans les pays heureux que le soleil ne cesse jamais d'illuminer.

Un aimable oiseau que cette tourterelle. Sa prédilection pour les bois ne l'empêche pas de se résigner à notre voisinage; moins farouche que son cousin le ramier, elle s'établit volontiers autour de l'habitation quand elle y trouve le décor qu'elle affectionne : des dessous ombreux où le nid soit à l'abri des regards indiscrets, de hauts arbres feuillus propices au rendez-vous de ces époux, — car la tourterelle est un modèle de bonnes mœurs, — de ces époux exemplaires.

Il semble, en effet, qu'elle n'ait été créée que pour aimer, que la tendresse lui ait été assignée comme l'unique objectif de son existence : séparés, le mâle appelle sa compagne sans trêve et sans relâche; réunis, les deux oiseaux ne cessent guère de donner des témoignages de leur mutuelle affection, et la continuité de cet épanchement sentimental est d'autant plus remarquable qu'il n'a point, comme ailleurs, les querelles et les coups de bec pour revers. Nous ne craindrions pas d'affirmer que la bouderie elle-même est inconnue de la tourterelle.

Ses formes sont d'une incontestable élégance; sous ses modestes couleurs, son plumage ne manque pas de charme; son vol est hardi, presque puissant; de mœurs douces et inoffensives, elle symbolise l'innocence.

Avec tant de dons pour plaire, son chant le rend insupportable à nombre de gens.

Ce chant, c'est cependant la tendresse qu'il célèbre; mais les trois notes uniques que la tourterelle y consacre sont probablement insuffisantes à rendre les beautés du thème; leur choix est loin d'être heureux, elles conviendraient bien plutôt à un miséréré qu'à un épithalame; enfin, l'oiseau les répète vraiment trop : si pénétré que l'on soit de la grandeur de l'idéal qu'elles représentent, il est impossible de ne pas se sentir agacé par la monotonie de ce sempiternel roucoulement.

Quand on est oiseau, quand on a des ailes, le bonheur d'aimer doit se chanter sur un mode joyeux, comme l'éclatant rayon qui en a marqué l'heure.

La tourterelle est-elle un gibier? nous demanderont les chasseurs. Oui, parce qu'elle se mange; nous vous apprendrons même tout à l'heure qu'il existe une méthode pour les engraisser. Nous devons cependant prévenir les intéressés que leurs compagnons se refuseront

probablement à les accepter pour une pièce, comme on fait assez généralement pour les grives.

Quels sont les motifs de cette exclusion? Les traditions cynégétiques dédaignent absolument de les fournir; aussi avez-vous parfaitement le droit de la traiter d'absurde préjugé.

Les tourterelles ne se chassent pas, elles se tuent accidentellement, tantôt lorsque, surprises perchées dans un arbre, elles prennent leur essor; tantôt lorsque, dans leurs pérégrinations d'un bois à l'autre, elles traversent la plaine d'un vol léger, et dans ce dernier cas elles représentent un coup de fusil des plus honorables.

Nous vous parlions tout à l'heure de l'engraissement des tourterelles; nous en avons trouvé la recette dans une de ces *Maisons rustiques* qui constituaient, il y a quelque cent ans, toute la bibliothèque de l'homme des champs.

Le procédé consiste à les enfermer dans une cage très étroite, dont nous vous épargnons la description, et à les nourrir de froment macéré dans l'eau miellée. Un boisseau de blé par jour suffit à l'engraissement de vingt-six tourterelles, ni plus ni moins. Nous croyons que vous aurez un meilleur emploi de votre grain en substituant des chapons aux tourterelles dans les cages susdites. Jeunes, elles fourniraient un rôti passable; mais vieilles, elles vous suggéreront le regret de ne pas avoir laissé le pauvre oiseau à ses voyages émaillés de tendresses gémissantes.

XII

LA BÉCASSE AU PRINTEMPS.

Nous avons longtemps plaidé pour obtenir que la bécasse fût traitée avec quelque clémence lorsque la migration du printemps la ramène dans nos bois; il nous semblait de bon goût d'étendre jusqu'à elle, en considération de la régularité avec laquelle elle nous revient à l'automne, la protection plus ou moins efficace dont nous couvrons les autres oiseaux au moment de la reproduction.

Notre éloquence n'a, probablement, obtenu que le succès qu'elle méritait, notre cliente a perdu son procès. Vous pouvez aujourd'hui fusiller la voyageuse au sombre plumage sans vous mettre en délicatesse avec votre garde champêtre, et puisque vous avez été sevré des joies du fusil pendant tant et tant de longues semaines, il est probable que vous ne laisserez pas échapper cette occasion de vous dédommager. C'est le moment de vous parler de la chasse spéciale que vous pouvez faire à cet oiseau au printemps.

Cette chasse est, au fond, un affût, et l'affût, il est vrai, est assez mal porté. Mais n'entre-t-il pas un peu de prévention dans ces dédains? Il est mal recommandé par ceux qui le pratiquent avec le plus d'assiduité, les braconniers, j'en conviens, et je conçois qu'en vertu de ce précédent il puisse soulever quelque horreur dans le cœur des disciples scrupuleux de saint Hubert; cependant, en vertu de la loi des contrastes, on peut répondre qu'après avoir barboté dans la crotte, on éprouvera plus de satisfaction à se débarbouiller.

Après quelques séances le pied dans la boue, au bord d'un ruisseau ou dans un carrefour forestier, la quête à travers bois avec un bon chien battant l'estrade vous semblera plus agréable et plus charmante.

Il y a plusieurs modes d'affût de la bécasse : à l'automne, on l'attend à la passée et au gué; l'affût du printemps se nomme la *croule*.

Il est peu de chasseurs qui n'aient attendu la bécasse à la passée. C'est ordinairement le bouquet d'une belle journée prolongée jusqu'à la brune, dans l'espoir de se ménager ce tiré supplémentaire, quelquefois plus productif que sept ou huit heures de marche à travers bois.

Les postes favorables varient suivant la configuration du terrain. Dans les pays de plaine, la bécasse à l'essor suit les allées avant de quitter le bois et de voleter dans ses alentours. En se plaçant dans un carrefour, on double sa chance de la voir passer; mais les difficultés du tir augmentent dans les mêmes proportions; l'ombre des arbres ajoutant à l'obscurité du crépuscule, on a quelquefois de la peine à rencontrer son objectif.

Dans une contrée montagneuse, la meilleure place d'affût est toujours un vallon, une prairie entre deux bois, surtout s'il y a des eaux dans le voisinage.

La bécasse est méthodique et ponctuelle, comme tous les oiseaux de nuit.

La première fois qu'un vieux garde me plaça au pied d'un arbre pour y attendre une bécasse, il me dit, en me montrant un coin de la voûte céleste qui commençait à se glacer de gris :

« Regardez là-haut, et pas ailleurs; aussitôt que vous verrez briller la première étoile, armez votre fusil, les bécasses ne tarderont pas à se montrer. »

Tous les affûts que j'ai pratiqués depuis m'ont démontré la valeur de l'observation de mon premier maître. Chaque fois que l'état du ciel l'a permis, j'ai constaté que l'apparition de l'oiseau ne précédait jamais, même de quelques secondes, celle de l'étoile du soir. L'exactitude proverbiale du militaire est distancée par celle de la bécasse.

On peut s'en autoriser pour s'affranchir d'une préoccupation fatigante et achever paisiblement le cigare entamé. En revanche, aussitôt le signal donné, l'attention la plus scrupuleuse est indispensable. « Il faut, me disait le même praticien instructeur, regarder avec ses oreilles et écouter avec ses yeux. »

L'hyperbole n'est pas si absurde qu'elle en a l'air.

Si l'essor de la bécasse est bruyant, en raison des obstacles qu'elle rencontre pour se frayer un passage, son vol, et surtout son vol de nuit, moins saccadé que celui de la journée, est doux, presque silencieux; le frou-frou qui l'annonce est à peine perceptible; cette aile, cependant si nerveuse, semble doublée et capitonnée de soie, comme celle des oiseaux de nuit.

Le tireur n'ayant pu se masquer lui-même sans s'exposer à ne pas apercevoir son gibier, et se trouvant à découvert, dans ces demi-ténèbres favorables à sa configuration visuelle, la bécasse reconnaît promptement le danger qui la menace; elle disparaît presque aussitôt qu'elle a été entrevue. Il est donc nécessaire d'épauler rapidement et de faire feu sans trop se soucier de l'accord parfait avec l'objectif.

J'avoue humblement que j'avais médiocrement visé nombre de bécasses que j'ai abattues à la passée. A la chasse, comme ailleurs, il n'y a que la foi qui sauve.

L'affût dure de dix à vingt minutes, après lesquelles, la bécasse n'ayant pas, — les gastronomes diront, hélas! avec nous, — les dimensions d'un éléphant, bredouille ou non bredouille, on n'a rien de mieux à faire que de rentrer chez soi.

Cependant nous avons vu un Nemrod, que des camarades facétieux avaient placé à cheval sur le fournil d'un garde et oublié dans ce poste exceptionnel, qui prolongea la séance jusqu'à une heure du matin et l'agrémenta d'une fusillade magnifique.

« Comment faisiez-vous, donc pour voir les bécasses? lui demandait-on.

— Je ne les voyais pas, répondait-il, mais je les entendais miauler, et je tirais un peu au hasard; le plomb, on ne sait jamais où cela va! »

La chasse au gué exploite la propreté méticuleuse de la bécasse autant que la nécessité où elle se trouve de rechercher les lieux humides, les terres délayées par le contact de l'eau pour y recueillir les vers dont se compose sa nourriture.

Les meilleurs gués sont ceux des ruisseaux, dont l'oiseau préfère le courant limpide aux eaux stagnantes pour se livrer à ses ablutions.

Si on n'en trouve pas à sa convenance, on a toujours la ressource d'en fabriquer un, et on s'établit à soi-même un abri à une quinzaine de pas du bassin, avec une meurtrière qui le commande.

Le chasseur entre dans cette hutte à la tombée de la nuit; aussitôt qu'il a entendu le vol d'une bécasse qui s'est abattue dans les alentours, la plus complète immobilité devient nécessaire.

Il paraît que ces espèces de bains publics sont aussi mal famés chez ces oiseaux que les étuves l'étaient en France aux quinzième et seizième siècles, car, avant de s'abandonner aux délices qui les sollicitent, ils manifestent une méfiance indiquant qu'ils les considèrent comme de véritables coupe-gorge.

Pendant quelques instants, la bécasse ne fait pas un mouvement; seule sa tête vire à droite et à gauche, sondant les ténèbres, cherchant à surprendre dans le silence un frémissement qui justifie ses appréhensions et la méchante renommée du lavoir.

Elle est quelquefois fort longtemps à se rassurer, et ce n'est qu'après mainte épreuve qu'elle se décide soit à véroter, soit à se débarbouiller. Le mois d'octobre est l'époque la plus favorable à cette chasse. Si le passage est abondant, un bon gué peut fournir quinze ou vingt bécasses pendant la saison.

Nous arrivons à l'affût à la croule, qui commence généralement dans le mois de mars.

Il est infiniment plus amusant et plus productif que la passée, d'abord parce qu'on y est moins fréquemment obligé de battre la semelle ou de se moucher dans ses doigts; en second lieu, parce que les objectifs s'y montrent en plus grand nombre. Beaucoup de ces oiseaux sont déjà appariés, les autres négocient leurs combinaisons matrimoniales, tous consacrent à

ce soin les courts loisirs que leur laissent les soucis de leur conservation et les nécessités de leur alimentation.

On entend d'assez loin leurs cris caractéristiques; les *pitz pitz* succèdent aux *crou crou*, mot de ralliement et gazouillement des bécasses qui se cherchent.

On les voit passer et repasser autour des taillis, tantôt deux à deux, tantôt en plus grand nombre, presque toujours semblant se poursuivre; leur vol est plus lent, leurs crochets moins savamment combinés; le tireur trouve presque toujours l'occasion de les tirer. Assez souvent même elles fournissent à quelques mortels privilégiés la gloire si enviable d'un coup double exécuté sur les bécasses.

Cette gloire, il est vrai, est un peu creuse. A son passage du printemps, la bécasse a perdu ses prestiges gastronomiques; elle a laissé sur les chemins le moelleux embonpoint, les finesses de fumet, la délicatesse de chair qui l'élevaient si haut dans notre estime; cette reine déchue de la broche n'a plus à vous offrir qu'une carcasse mal rembourrée, sur laquelle vos dents arracheront péniblement quelques bribes d'une chair noire, coriace, d'un goût platement marécageux.

Cependant, telle est l'influence d'une bonne réputation, que le culte de ses fidèles survit à cette décadence. Ils ont trouvé le moyen de rendre passable une mauvaise bécasse. Pour cela, il faut en avoir deux; on pile la plus maigre pour en farcir l'autre.

XIII

L'ÉCUREUIL.

Voici encore un animal à propos duquel les fabricants de catégories d'espèces utiles et d'espèces nuisibles discutent depuis une éternité, sans réussir à se mettre d'accord, — c'est l'écureuil.

Il vous sera certainement arrivé, un jour d'été que vous vous étiez enfoncé dans les bois, à l'heure où, le soleil tombant d'aplomb sur la voûte de la futaie, ses rayons dessinent de fulgurantes arabesques sur les tapis de feuilles que vous foulez, où la brise a cessé de bruire dans les cimes, où les oiseaux, retirés dans le buisson, se sont tus, — d'entendre dans ce grand silence un léger frou-frou qui vous a fait relever la tête.

Vous aurez aperçu, tantôt glissant sur le fût lisse du hêtre, tantôt guettant à l'enfourchure des branches, un petit animal, au pelage roussâtre, au ventre blanc, aux oreilles pointues, à la queue touffue relevée en panache, dont les grands yeux noirs, deux perles de jais, se fixaient sur vous avec curiosité.

Quelles que fussent vos préoccupations, vos soucis, vos rêveries, de votre côté, vous y aurez fait trêve pour examiner le nouveau venu avec un véritable intérêt : l'écureuil est un charmeur; l'effet de cette exquise propreté de l'habit, de cette grâce dans tous les mouvements, dans toutes les attitudes, et surtout de cette physionomie à la fois si innocente et si malicieuse, est irrésistible; ce n'est pas de l'admiration que tout cela inspire, c'est tout simplement une sensation agréable que ce petit être provoque, mais la solitude où vous vous trouvez, le recueillement que, bon gré mal gré, elle vous impose, accentuent la vivacité de cette impression fugitive.

Non seulement vous ne regrettez pas d'avoir été troublé par une apparition si gracieuse, mais vous voudriez la contempler ou plus longtemps ou de plus près. En pareil cas, ne bougez pas, ne faites pas un mouvement, si vous ne voulez pas que l'objet qui vous captive ne vous donne plus le spectacle de l'agilité avec laquelle il prendra le large en sautant de branche en branche, de cime en cime, agilité merveilleuse qui le faisait définir de la sorte par un campagnard de notre connaissance : « Un quadrupède qui fait son apprentissage d'oiseau. »

Nous avons mis un certain enthousiasme à vous entretenir des agréments extérieurs de l'écureuil; nous ne devons pas aller plus loin sans vous avouer qu'il a, à son dossier, d'assez graves méfaits qui leur servent de correctif; vous le verrez tout à l'heure, quand nous vous traduirons le réquisitoire de ses contempteurs; avant d'y arriver, nous devons compléter le tableau des titres qu'il peut avoir à notre indulgence; même dans l'ordre moral il en possède.

Buffon le représente comme un vivant symbole de l'activité, de l'industrie et de la propreté; de ces trois vertus nous ne retiendrons que la seconde.

Il est vrai que l'écureuil consacre une bonne part de la journée à lustrer son museau avec une vivacité qui a fait croire qu'il se frottait les mains. Mais ce souci de la belle tenue du vêtement, on le retrouve chez les oiseaux et chez la grande majorité des quadrupèdes sauvages; quant à son activité, en réalité l'écureuil s'agite beaucoup plus qu'il ne travaille; il en est autrement de son industrie.

Il a le don de prévoyance, si rare chez les animaux qui vivent isolés, la prescience des jours de disette et des tiraillements faméliques, et il sait y pourvoir; il amasse dans les cavités des arbres qui entourent son nid des faînes, des glands, des noisettes, et il n'oublie jamais le chemin de ses cachettes.

Il se montre encore digne de passer oiseau par l'art avec lequel il sait se construire, à l'aide de bûchettes entrelacées et de mousse, un nid ouvert par en haut, néanmoins impénétrable à la pluie, où les propriétaires peuvent braver le froid pendant l'hiver. Enfin, détail

négligé par le grand naturaliste, — probablement, parce que, de son temps, la fidélité conjugale, faiblesse de petites gens, n'était pas une recommandation, — si les mœurs de l'écureuil ne sont pas toujours exemptes de reproches, elles sont décentes; il concourt avec sa femelle à l'éducation de sa famille, composée de trois ou quatre petits, qui viennent au monde vers le mois de juin.

Malheureusement, avec tant de titres à une sympathie dont notre protection devrait être la conséquence, l'écureuil est affligé de quelques instincts pernicieux, qui trop souvent attirent la foudre sur sa tête, sous la forme d'une charge de plomb n° 6.

Nous vous avons dit que sa physionomie était à la fois innocente et malicieuse; cette dernière expression tient ce qu'elle promettait, par l'acharnement avec lequel l'animal s'attaque aux flèches des résineux, les grignotant, les coupant, déshonorant les plus beaux arbres, sans autre profit apparent que le désespoir du forestier. Quant à l'innocence, il faut bien avouer qu'elle sert de masque à une certaine perversité. Ce flâneur des voûtes forestières, ce leste grimpeur, cet acrobate si peu soucieux de malfaisance, si préoccupé de cabrioles, que vous l'avez accepté pour un revenant de l'âge d'or, n'en a pas moins de menus instincts de rapines; tout en ne s'exerçant pas sur des êtres vivants, les siennes font le désespoir de mainte honnête famille et le vide dans tous les bosquets qu'il fréquente.

A son ordinaire de cénobite, les faînes, les glands, les amandes des pins, l'écureuil ajoute très volontiers les œufs, — ils rentrent, il est vrai, dans le régime du maigre, — et ces œufs il les emprunte aux nids des oisillons ses voisins.

Tel est le grief que les gardes mettent à la charge de ce joli animal; cependant, comme ces gardes en font des gibelottes qu'ils déclarent excellentes, et qu'il faut se méfier des arrêts dont profite celui qui les rend, nous avons tenu à nous assurer de la réalité de ce forfait.

Nous étions d'autant plus décidé à l'enquête, qu'ayant inventorié quelques logis d'écureuils, nous n'avions jamais trouvé de coquilles d'œufs parmi les débris de fruits qui ne manquaient pas aux alentours, et qu'il nous semblait que, comme il existe encore des nids d'oiseaux à l'époque du sevrage des petits écureuils, le père et la mère devraient être jaloux de fournir à leur progéniture une nourri-

ture si tonique et dont ils savaient si bien apprécier l'agréable saveur.

Notre expérience consista à placer un œuf de pigeon dans la cage d'un écureuil qu'une petite demoiselle de nos amies nourrissait comme un prébendaire; une heure après, quand nous revînmes, l'œuf était cassé et humé, aussi artistement que si l'opération eût été faite par un de nos gamins de village.

Un œuf de poule fut brisé par l'animal, mais blanc et jaune étaient restés à peu près intacts : peut-être cette bouchée trop grosse avait-elle éveillé chez le sujet la prescience de l'indigestion; mais tous les œufs de petit volume qui lui furent donnés eurent le sort du premier, et il s'en arrangeait si bien qu'il n'hésitait plus à les manger devant nous.

La démonstration était concluante, et les gardes justifiés du soupçon de prévarication. J'ajoute que, d'après leurs observations, j'ai remarqué que les oiseaux n'étaient jamais multipliés dans les bois où il y avait un grand nombre d'écureuils.

En résumé, l'écureuil peut être comparé à ces hommes aimables dont il faut jouir quand on les rencontre dans le monde, mais dont l'honorabilité douteuse ne vous permet pas de rechercher l'intimité.

XIV

LE SAUMON.

La clôture de la pêche du saumon, de la truite et de l'ombre nous a fourni bien souvent l'occasion de renouveler notre vœu pour que cette clôture soit le moins possible une fiction, pour que ces poissons d'élite, ou plutôt ce qu'il nous en reste, soient protégés pendant leur multiplication par la seule mesure qui puisse être efficace, l'interdiction rigoureuse de leur colportage et de leur vente. Ce vœu, il est vraiment à souhaiter que le gouvernement se décide à l'accueillir.

Comme les célébrités artistiques, le saumon jouit, parmi les masses, d'une certaine popularité; néanmoins l'admiration dont il est l'objet de leur part franchit assez rarement la rampe, lisez la vitrine du magasin de comestibles où les foules se groupent pour s'extasier sur ses proportions, sur la belle mine qu'il affecte sur son lit de parade en feuilles de fougère, avec un bloc de glace sur le ventre en guise de monument funéraire; le cercle des relations intimes du gros du public avec lui est, au contraire, assez restreint.

Nous ne sommes malheureusement plus au temps où les officiers en garnison dans quelques-unes des villes de Bretagne, lorsqu'ils traitaient pour leur pension, établissaient pour condition qu'on ne leur servirait pas du saumon plus de deux fois par semaine; il est devenu si rare dans les eaux françaises, que, sans les importations considérables de l'Écosse, de la Norvège et de l'Allemagne, les Vatels parisiens se trouveraient fréquemment en demeure de renouveler la gastronomique folie de leur illustre devancier.

Le saumon est un touriste par devoir social autant que par vocation; s'il quitte les grandes profondeurs de l'Océan, sa patrie, pour remonter les fleuves, c'est un peu parce que les eaux pures, limpides, les fonds caillouteux, les courants rapides de leurs parties supérieures, les solitudes des montagnes d'où ces fleuves jaillissent, ont pour lui des attraits spéciaux; c'est beaucoup parce que ce milieu est favorable à la multiplication de son espèce, parce que les rejetons qu'il y laissera y rencontreront moins d'ennemis et s'y trouveront aussi dans les conditions les plus favorables à leur prompt développement.

Il a le physique de son emploi de voyageur : si grande que soit sa taille, le corps est épais, massif, d'autant plus solide et résistant.

L'appareil propulseur est d'une grande puissance, la queue large et robuste, la tète taillée en forme de cône obtus, comme il convenait pour obtenir encore plus de continuité que de vélocité dans la marche.

Sa physionomie, — chaque poisson a la sienne, — affecte la gravité, la sérénité. Ses mœurs sont douces et paisibles; quoiqu'il mange le fretin, comme une autre pacifique, la baleine, il ne s'attaque guère à des poissons d'un plus gros format que le goujon, encore préfère-t-il le véron à celui-ci et donne-t-il à l'insecte le pas sur l'un et sur l'autre.

C'est au printemps que les saumons se présentent par bandes à l'embouchure des fleuves, profitant presque toujours d'une grande marée ou d'une grosse mer pour les aborder.

Les saumons âgés de quatre à cinq ans, c'est-à-dire en état de reproduire, sont seuls du convoi, qui s'avance dans l'ordre de marche qui caractérise les voyages aériens des palmipèdes, l'ordre triangulaire; les plus grosses femelles forment l'avant-garde, à deux ou trois mètres l'une de l'autre; puis les mâles, précédant la tourbe des jouvenceaux.

Quand on passe près d'une ville, quand retentissent des bruits insolites, la troupe plonge et suit le fond; si tout est tranquille, si les larges ombres que les arbres de la rive étendent sur les nappes irisées la sollicitent, elle voyage à la surface, montrant de temps en temps de larges dos bleuâtres, ou illuminant ces ombres des éclairs que dans quelque virage projettent leurs flancs argentés.

Ni les barrages ni les cascades ne les arrêtent : si l'obstacle est médiocre, ils le remontent en se jouant; si le rempart est sérieux, ils lui livreront l'assaut avec cet incroyable acharnement que l'animal apporte dans l'accomplissement de tout ce qui se rattache aux lois de la reproduction.

Tantôt ils s'évertueront à le franchir d'un élan de leurs puissantes nageoires; tantôt, arc-boutant leur queue sur quelque pierre du bas-fond, ils la font jouer comme un ressort qui les projette à douze

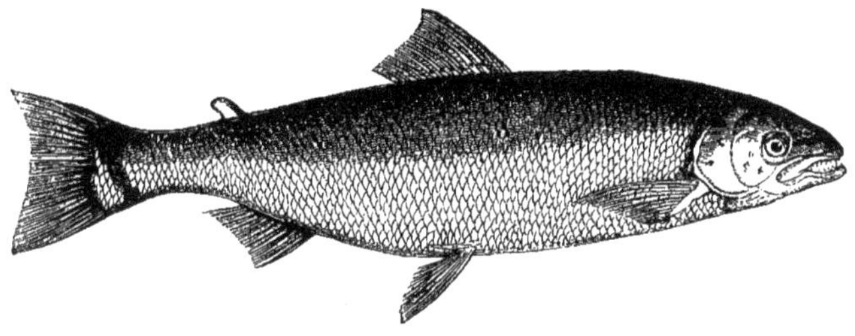

et quinze pieds de haut; s'ils échouent, ils recommencent sans se décourager : c'est ainsi que, d'efforts en efforts, de luttes en luttes, les saumons gagnent les hauts bassins dont nous avons parlé.

Leur entrée dans les eaux douces n'a, du reste, pas été sans profit; elle les a débarrassés d'un parasite spécial, les lernées, *monoculus piscinus*, qui s'attachent à leurs ouïes en assez grand nombre pour leur rendre le séjour de la mer insupportable.

Les pêcheurs prétendent que cette création n'a d'autre objet que de forcer le saumon à s'en aller frayer dans les rivières. Cela n'a rien d'impossible; la nature ne répugne pas aux petits moyens, à ce que l'argot des théâtres appelle les ficelles, pour compléter son œuvre grandiose.

C'est dans l'acte de sa reproduction que le saumon est particulièrement intéressant.

Il est, après l'épinoche, celui de tous les poissons qui, dans l'acte nuptial, se rapproche le plus de la monogamie.

Il s'attache à une femelle, et livre bataille aux rivaux qui se présentent; s'il parvient à les écarter, il suit celle pour laquelle son cœur de saumon a parlé, dans quelque anse solitaire, sur un bas-fond où tous deux travaillent à édifier, lisez creuser, le berceau de leur future famille.

A l'aide de leur mâchoire inférieure, fortement proéminente, ils pratiquent dans le sable une excavation d'une trentaine de centimètres de profondeur, deux fois plus large, dans laquelle la femelle dépose ses œufs, tandis que le mâle, sentinelle vigilante, croise autour d'elle pour écarter les importuns; quand celle-ci s'est délivrée de son précieux fardeau, — on a compté 27.850 œufs dans une femelle de vingt livres, — son compagnon les féconde de sa laitance; puis, de concert, le couple recouvre de gravier le dépôt : une quinzaine de jours après, suivant l'état de la température, il donnera naissance aux saumoneaux; ceux-ci séjournent un an dans les eaux douces; l'année suivante, ils s'en vont à la mer avec le convoi de retour, c'est-à-dire avec les saumons qui viennent de frayer, et ils y restent jusqu'à l'âge de trois ou quatre ans.

Nous voudrions dire quelques mots de la pêche du saumon à la mouche artificielle; mais cette pêche, un sport d'élite, exigeant autant de patiente persévérance que d'observation et d'adresse de main, est de celles dont les descriptions ne sauraient donner qu'une idée très imparfaite.

En France, où l'on pêche surtout le saumon au haqueneau, ainsi que l'indique notre gravure, elle a quelques adeptes, et nous en pourrions citer au moins... trois; ils sont d'autant plus méritants, que le vide qui s'est fait dans nos rivières à saumons met le feu sacré qui les anime à de cruelles épreuves.

En Angleterre, au contraire, elle jouit d'une véritable popularité : nombre de gentlemen afferment des cours d'eau, non seulement en Écosse, mais jusqu'en Norvège, et réalisent tous les ans ces déplacements dont la seule pensée épouvanterait nos compatriotes. Il faut

le reconnaître, ils sont largement indemnisés de leurs sacrifices et de leurs fatigues, car, dans ces eaux septentrionales, ils voient revenir à peu près tous les jours les vives émotions dont ils sont avides.

Il nous a été donné d'assister, en qualité de témoin, à la capture d'un saumon d'une quinzaine de livres; sans doute la scène n'était point terrible comme un hallali de sanglier, mais elle n'était pas beaucoup moins émouvante.

Aussitôt qu'il eut senti l'aiguillon barbelé entrer dans ses chairs, le poisson partit avec une telle brusquerie, que la ligne, à moulinet, fut impuissante à le suivre et que le scion vint fouetter l'eau; le pêcheur, un Anglais, eut quelque peine à arriver à la parade, qui consiste à relever ce scion de façon à opposer son élasticité aux secousses furieuses qui lui sont imprimées; alors, le moulinet s'étant dévidé en grinçant, la lutte commença, l'homme ramenant son fil, puis le rendant chaque fois que s'accentuait la résistance, et en même temps faisant passer sa gaule par-dessus les cépées de la rive, car le saumont continuait de fuir en amont.

Plusieurs fois cependant, il s'arrêta pour se défendre sur place; on devinait au jeu de la ligne qu'il allait et venait par soubresauts, oubliant la douleur que lui causait l'hameçon pour se délivrer de ce fil au bout duquel il sentait la mort; ses mouvements étaient si impétueux, qu'à chaque instant je voyais la gaule ployer à se rompre et à se briser.

Cela dura trois quarts d'heure. Le pêcheur haletait; son visage, baigné de sueur, était aussi pâle qu'un linge. Enfin, le pauvre saumon étant au bout de ses forces, le moulinet le ramena de quelques mètres; il partit encore, mais un nouveau rappel le rapprocha davantage; puis, après quelques péripéties, la défense s'affaiblit de plus en plus, et le pêcheur put jouer avec ce monstrueux poisson comme avec une épave inerte, jusqu'au moment où il lui convint de l'amener sur la rive. Le brin de fil avait eu raison de ce géant des eaux douces.

XV

LES CORBEAUX.

Les corbeaux ont été l'objet de tant d'anathèmes et de tant de préjugés, qu'il me faut, sinon un certain courage, du moins une notable dose de sincérité pour affirmer les sympathies que ces oiseaux m'inspirent.

Malgré les affinités funèbres qu'on lui assigne, les pronostications sinistres qu'on lui prête, j'ai pour toute cette espèce, que les paysans, de vrais poètes quand ils s'en mêlent, appellent les hirondelles de l'hiver, une prédilection très marquée; je les aime en raison de la sagacité par laquelle ils traduisent un instinct supérieur; je les aime parce que, chez eux, la fraternité n'est pas un vain mot, je les aime, enfin, parce que, si leur sombre livrée, leurs croassements lugubres annoncent les jours de deuil, ils n'en représentent pas moins, pendant les longs mois noirs, dans nos campagnes désertes, la consolante protestation de la vie contre la mort.

En raison des appétits immondes du corbeau, Toussenel l'a classé au bas de sa hiérarchie ornithologique.

Je me suis toujours étonné que l'esprit si judicieux du grand analogiste n'ait pas trouvé, dans le rôle essentiellement utile que cet oiseau remplit dans la nature, matière à quelque indulgence à son profit. Cette transformation de l'immondice en chair vivante n'est-elle pas, d'ailleurs, une des conditions de l'éternelle harmonie? Le fumier n'est-il pas le cabinet de toilette de l'immortalité?

Ne devrions-nous pas quelque reconnaissance à ce bel oiseau, dont le plumage aux reflets métalliques miroite au soleil, quand nous le rencontrons au lieu et place du triste cadavre dont l'odeur repoussante nous forçait naguère à nous détourner de notre chemin et dont il vient de nous débarrasser? Sommes-nous très fondés, enfin, à lui reprocher cette alimentation de haut goût, nous autres qui nous attablons quelquefois devant un faisan possédant toutes les qualités

requises pour attirer de dix lieues un vol de corneilles?

Cette indignité de la nourriture est exceptionnelle dans l'espèce; le géant de la race, le corbeau proprement dit, est le seul qui fasse de la proie morte son ordinaire : les insectes ne suffiraient pas à rassasier son vigoureux appétit; leur cueillette lui prendrait trop de temps, et, quand le gibier lui a manqué, car il est également grand chasseur, il s'attaque à la première pièce de résistance qu'il rencontre, sans trop se soucier si elle réunit les conditions de fraîcheur qui pourraient nous sembler nécessaires.

Quant au fretin du genre, les corneilles, les freux et les choucas,

une curée de cet ordre n'est qu'un accident, une bonne fortune, si vous aimez mieux. Quand l'occasion s'en rencontre, ils n'hésitent pas à remplir ce rôle d'agents de la salubrité, dont ils ont les menus profits et nous les gros; mais ils sont, avant tout et par-dessus tout, les protecteurs de nos moissons, c'est-à-dire des destructeurs d'insectes.

Les corbeaux sont des êtres merveilleusement doués; je ne sais rien qui donne un plus catégorique démenti à la doctrine de l'automatisme des bêtes, que leur vigilance, leur finesse, l'intelligence avec laquelle ils savent distinguer un danger sérieux de ce qui n'en a que l'apparence.

Cette supériorité intellectuelle peut être attribuée à deux causes : elle doit être une conséquence de l'état d'association dans lequel ces oiseaux vivent pendant une grande partie de l'année, mais surtout de la faculté de communiquer entre eux par un langage plus étendu, plus varié, et par conséquent plus complet qu'il ne l'est chez d'autres habitants de l'air. Le second de ces privilèges est évidemment un corollaire du premier.

L'association, chez les corbeaux, nous semble fondée bien moins sur l'avantage de pourvoir en commun à leur subsistance que sur les besoins d'assistance et de défense réciproques.

Il n'en était probablement pas ainsi avant la diffusion des hommes sur la terre; la première de ces considérations devait, alors, être la dominante; il y avait intérêt pour l'ordre général à ce que ces préposés à la voirie fissent rapidement, presque instantanément, disparaître les corps dont la corruption pouvait infecter l'atmosphère.

La guerre acharnée que nous avons déclarée aux êtres secondaires de la création a interverti l'ordre de ces deux nécessités, et celle de se garantir de périls incessants a pris le premier rang.

Qu'ils volent, qu'ils se reposent au haut d'un chêne, ou qu'ils traversent les airs en files interminables, les corbeaux sont toujours à l'éveil, guettant le danger qui menace leurs compagnons comme celui qu'ils peuvent courir eux-mêmes.

Aperçoivent-ils un personnage suspect, ils jettent le cri d'alarme, tous ils le répètent à l'envi, se mettant en garde, soit en modifiant leur direction, soit en s'élevant plus haut dans les airs, et ce cri va se perdant dans l'éloignement, comme, dans la nuit, le qui-vive des sentinelles qui entourent un camp.

Si un oiseau de proie diurne ou nocturne se montre dans les environs, ils se réunissent pour le poursuivre, l'attaquent courageusement, et, s'ils ne parviennent que rarement à tuer le forban, ils réussissent presque toujours à le mettre en fuite. Mais c'est surtout lorsque le plomb a abattu un de leurs frères que l'esprit de solidarité qui préside à leur association se révèle.

Vous les voyez arriver de tous les points de l'horizon et décrire de larges cercles autour du champ où gît leur infortuné camarade, en poussant des croassements lugubres. Si celui-ci n'est que blessé, s'il se débat contre la mort, si des cris inarticulés semblent appeler la tribu à son aide, les plus intrépides, les plus dévoués, planant au-dessus du malheureux, se laissent glisser du haut des airs pendant une centaine de mètres, comme pour venir à son secours; ils remontent par une ellipse lorsque l'instinct de la conservation reprend le dessus sur leur élan de générosité, mais ne cessent pas de voler dans les environs en faisant entendre des clameurs lamentables, soit qu'ils espèrent épouvanter le chasseur, soit qu'ils se désolent de la perte de leur ami.

Je serais très porté à croire que des règles président à cette association, quoique temporaire, et que l'aide fraternelle y est un devoir auquel nul membre de la communauté ne saurait se soustraire sans s'exposer au courroux de ses compagnons.

Je passais un jour près d'une haie, derrière laquelle picoraient cinq ou six corneilles mantelées; j'étais très à portée et je les aurais tirées si je ne considérais ce genre de meurtre comme inutile tout au moins, si je ne savais que la fameuse soupe au corbeau, qui lui sert ordinairement de prétexte, est en réalité une variante de la soupe au caillou.

Celui des oiseaux qui le premier m'aperçut s'envola sans crier: peut-être l'épouvante avait-elle paralysé son organe, *vox in faucibus hæsit*. Une autre corneille, plus grosse et probablement plus vieille que la première, m'ayant reconnu, partit à son tour en poussant un *couâ* retentissant; mais, au lieu de se borner à fuir, celle-ci se dirigea vers la corneille qui avait manqué aux obligations sociales, et je la vis la poursuivre en lui administrant quelques bons coups de bec.

XVI

LE BILAN ZOOLOGIQUE DE L'ÉTÉ.

C'est dans le mois de juillet que se tirent les premiers coups de fusil de la saison. La chasse aux halbrans ouvre le premier jour du mois dans certains départements, le 15 seulement dans quelques autres, qui nous semblent beaucoup mieux inspirés que les premiers.

Il est bien rare qu'au 1er juillet les couvées de canards soient assez avancées pour pouvoir se mettre à l'essor et voleter au-dessus des roseaux; dans leur innocence, ils ont recours au plus sûr des moyens de salut dont ils disposent, ils se décident difficilement à quitter ces joncs où les bateaux ne peuvent pas toujours pénétrer; la chasse se métamorphose alors en une sorte de pêche au fusil; les exécutants sont forcés de se mettre à l'eau quelquefois jusqu'à la ceinture, de patauger dans la vase pour arriver à « canarder », le plus souvent à bout portant, un pauvre petit palmipède qui n'a pas encore dépouillé le duvet de son premier âge!

Quand on a rompu en visière avec l'adolescence, il devient difficile de classer un tel exercice parmi les divertissements. En retardant d'une quinzaine le massacre, on trouverait, au contraire, des objectifs suffisamment emplumés pour s'élancer dans les airs et pour se ménager un trépas aussi honorable pour le chasseur que pour ses victimes.

Dans les pays d'étangs, en Sologne et dans la Bresse, il est bien peu de nappes d'eau d'une certaine étendue qui n'ait sa nichée de canards, surtout lorsque ses bords sont garnis d'une épaisse végétation aquatique; leur nombre serait bien plus considérable si les propriétaires se donnaient la peine de contribuer au développement de cette population, en lâchant au printemps, sur leurs étangs, quelques-unes de ces femelles issues de l'espèce sauvage que l'on élève en Picardie et qu'on se procure aisément. L'économie rurale devrait peut-être se soucier davantage de ces éducations libres, qui, pour n'avoir coûté ni frais ni tracas, n'en donnent pas moins leur produit.

Les bords des fleuves et des rivières participent à ce renouveau de la chasse : les bécasseaux ou culs-blancs y reviennent de l'est vers la fin du mois; si le butin remplit médiocrement une carnassière, sa poursuite n'est pas sans agrément. C'est ordinairement le matin, en descendant en bateau le cours de la rivière, que l'on cherche ce joli et sautillant oiseau sur les berges et sur les grèves; rien de plus charmant qu'une promenade à cette heure le long des saules et des peupliers des rives, sur ces nappes miroitantes, de la surface desquelles s'élèvent des nuages de vapeurs transparentes et nacrées, tandis que le soleil levant, — quand soleil il y a, — pousse des fusées d'or en fusion sur les larges bandes brunes que l'ombre de la saulaie y dessine.

C'est au mois de juin que nos voisins exploitent leurs freuries; la freurie est le bois où les freux, des oiseaux doués d'une intéressante sociabilité, se réunissent pour nicher en communauté.

Quand les jeunes freux ont quitté le nid, ils continuent pendant quelques jours à percher sur les arbres où furent leurs berceaux.

C'est le moment que les gentlemen, et même quelques ladies, choisissent pour procéder à la chasse de ces nourrissons. Il est telle freurie qui, ce jour-là, devient aussi tapageuse qu'un champ de bataille. Les détonations se croisent, se succèdent sans intervalle, le plomb fouette les cimes sans relâche; sans relâche aussi les cadavres des freux dégringolent et viennent s'ajouter aux cadavres. Les vieux, les pères et les mères, désespérés, je le suppose, mais encore plus terrifiés, se sont dérobés à tire-d'aile à la catastrophe; privée de ses guides, croyant à la fin du monde, la jeunesse se contente de tournoyer avec de grands cris au-dessus de ses repaires, et le fusil peut choisir ses victimes. Franchement, nos voisins ont des sports que nous leur envions plus que celui-là.

L'été a déjà amené quelques modifications dans la situation du monde des champs. L'alouette, une mère Gigogne exemplaire, en est déjà à sa seconde couvée. Le rossignol reste muet. On ne l'entend pas plus la nuit que le jour: il est devenu père de famille, et il sait que

ses enfants préféreront le moindre vermisseau à la plus mélodieuse de ses chansons; quand il s'agissait de charmer sa compagne ou de tromper l'ennui que les jours de la couvaison avaient pour elle, à la bonne heure!

Avec des motifs bien moins honorables, le coucou ne jette plus guère ses notes monotones que le matin et le soir, et à d'assez longs intervalles; le coucou a le cœur léger de tous les célibataires; le vin bu, au diable le verre!

La fauvette grise cessera également ses roulades à la fin du mois. Le roucoulement de la tourterelle va devenir la note dominante. Aimez-vous ce refrain doucereux? Pour moi, il me produit l'effet de ces beaux yeux qui restent tendres et langoureux même quand leur propriétaire vous demande de lui passer la moutarde.

Les perdreaux sont quelquefois encore à la traîne; le dicton : « A la Saint-Jean perdreaux volants », n'est pas toujours justifié. Les ortolans se montrent en abondance dans le Midi, où les chasseurs au filet capturent les jeunes de ces oiseaux, qui leur serviront d'appelants l'année suivante.

Au temps où le domaine de la couronne était placé en dehors du droit commun, les laissez-courre recommençaient avec le mois de juillet; ces chasses, auxquelles les officiers de la vénerie étaient seuls à prendre part, se motivaient sur la nécessité de mettre les meutes en haleine; cependant, telles n'étaient pas les traditions de l'ancien régime, où l'on attendait que le cerf eût touché au bois, c'est-à-dire dégagé sa tête de la peau veloutée qui la couvre au moment du refait, en la frottant contre les arbres, avant de le donner aux chiens. Si la suppression des privilèges a valu à ces nobles animaux quelques coups de fusil de plus, en revanche, elle leur a assuré de complets loisirs pendant la période d'été, et ils en usent. Leur refait est complet, quoiqu'il lui faille encore quinze jours ou trois semaines pour arriver à sa parfaite maturité. Les cerfs se tiennent en ce moment dans les alentours des mares et des fontaines, et recherchent les bons gagnages, où ils vont se charger de venaison.

Quelques daines donnent encore des faons. Les jeunes carnassiers sont sortis de la période d'allaitement; les renardeaux commencent à prendre leurs repas aux abords du terrier, où la mère leur partage la proie qu'elle leur rapporte. Les louveteaux ont quitté le liteau qui leur a servi de berceau, parcourent leur bois natal, mais sans en sortir, et reçoivent de leurs dignes parents les premières leçons de brigandage, aux dépens du gibier le plus souvent.

C'est encore dans ce mois de juillet que naissent les petits d'un joli petit animal, d'un voisinage désagréable pour les propriétaires d'espaliers, le loir; le sommeil hivernal qui l'a longtemps soustrait aux incitations printanières, la nécessité de prendre le temps de se frotter les yeux en s'éveillant, l'ont mis en retard sur tous les autres quadrupèdes.

La pêche est entrée dans sa période d'activité; cependant, en raison du retard que le frai subit si souvent, les poissons étant sans appétit tant qu'ils se trouvent sous son influence, les profits de la ligne sont alors modestes, au moins pendant la première quinzaine. Ce ne sera que le matin et le soir que l'on pourra réaliser quelques captures; et puis, comme à la chasse du bécasseau, si bredouille il y a, elle s'encadre si agréablement, à ces heures privilégiées, que l'on ne songe même pas à la maudire. Les lignes de fond tendues pendant la nuit vous donneront des anguilles en bon nombre et quelques perches, qui, après le brochet, sont de toute la population aquatique les premières débarrassées. Les nasses drues prennent du goujon et des anguilles; en amorçant avec quelque libéralité, et surtout en ajoutant à ses pelotes une substance suffisamment odoriférante, l'épervier ramènera force blanchaille; mais, pour que filets et lignes fussent en mesure de faire merveille, il faudrait du soleil et de la chaleur; ils ne sont pas seuls à en avoir besoin, hélas!

XVII

LA BASSE-COUR.

La basse-cour est un champ d'observations plein d'intérêt; ses hôtes, poules, canards, dindons, pigeons, sont amusants à étudier tant dans leur ensemble que dans leurs individualités.

Cette république emplumée se fractionne en partis, exactement comme la nôtre, mais à meilleur droit, puisque le plus ou moins de sympathie pour la couleur d'un chiffon est absolument étrangère à ces divisions sociales, et qu'elles sont la conséquence de la différence d'espèces.

S'il fallait pousser plus loin cette comparaison, nous dirions que le bataillon toujours nombreux des gallinacés y figure la démocratie, dont la fraction avancée serait représentée par la pintade inquiète et turbulente; les canards pansus et criards peuvent bien être acceptés pour une bourgeoisie trop conservatrice, toujours affamée, quoi qu'elle engloutisse; enfin, il est incontestable qu'un dindon qui fait la roue devient un parfait emblème de certaines prétentions aristocratiques.

Ces groupes font bande à part; on se souffre, on se tolère sans fraterniser.

Chacun d'eux se qualifie-t-il, lui aussi, de parti des honnêtes gens? Nous n'en savons rien: mais comme, probablement, ainsi que cela se passe chez nous, les autres fractions ne manqueraient pas de s'attribuer également ce beau titre, il est clair que personne n'a rien à s'envier.

Par exemple, autre similitude: devant l'auge remplie de son détrempé, ou devant les poignées de menus grains que la main de la ménagère distribue, ces distinctions s'effacent, les barrières tombent; rouges, bleus, blancs se confondent : il n'y a plus que des estomacs cherchant à se gaver le plus complètement qu'il est possible.

On prétend que, si le sexe masculin avait mission de mettre les enfants au monde, il y aurait quelque temps déjà qu'il ne serait plus question de nous sur ce globe. Il nous paraît, en effet, fort douteux que notre raison puisse arriver à la puissance de ce ferment de résignation courageuse qu'on appelle l'amour maternel.

Nous ne serions pas les seuls du sexe fort à lâcher pied devant cette épreuve; nous n'aurions guère à compter sur les poulets rôtis, si le coq était chargé de couver les œufs de ses compagnes; le passif mais terrible labeur de l'incubation n'est point le fait de maître Gallus.

Pour notre compte, nous ne savons rien de plus déplaisant que ce sultan de la basse-cour.

Il est beau, superbement vêtu, nous en convenons. Son plumage, avec ses irisations métalliques, ses chatoiements de gemme, sa couronne d'un rouge éclatant, le panache qu'il arbore à sa poupe, sont faits pour captiver l'admiration; malheureusement il en est trop avide.

Ses avantages extérieurs sont gâtés par la fatuité de son port, l'orgueil de sa prestance, la prétention presque ridicule de sa marche saccadée, ses allures de matamore et les appels assourdissants qu'il jette aux échos, sous prétexte de témoigner de sa vigilance.

Il suffit de l'observer pour reconnaître bien vite, malgré les attentions qu'il prodigue à ses poules, que, fidèle à la doctrine du pro-

phète de l'Orient, il les tient pour des créatures inférieures, et qu'en réalité c'est de lui-même et de lui seul qu'il est épris.

C'est parce qu'elles lui obéissent docilement qu'il les convie à partager le vermisseau qu'il a trouvé; pour cela encore qu'il les défend et les protège, rarement contre l'oiseau de proie, très énergiquement contre ses rivaux.

Il a l'égoïsme brutal et féroce de tous les polygames; vieille, malade ou infirme, la poule n'a plus que des coups de bec à attendre de son seigneur et maître; quant au sentiment de la paternité et de la famille, il est chez lui lettre morte.

Aussi modeste que le coq est outrecuidant, assez vulgaire de mise et de façons, fort encline aux menus caquetages, comme toutes les commères, et cependant ne faisant tapage que pour annoncer l'accomplissement de son devoir de femelle, la poule s'impose à nos sympathies par son caractère timide et doux, et à notre estime par ses vertus. Il en est une dont elle semble l'incarnation; c'est la plus sérieuse, la plus sublime et incontestablement la plus féconde de toutes celles qui forment l'apanage de son sexe, la tendresse maternelle.

Nous devrions savoir gré à la poule d'entretenir sous nos yeux un exemple de ce qu'elle doit inspirer de sollicitude, de dévouement et d'abnégation, et tâcher d'en tirer profit.

Le travail de l'incubation, chez les oiseaux libres, est toujours sévère; cependant, la fatigue de l'immobilité à laquelle la femelle est condamnée se tempère par une certaine récréation des yeux.

Si elle a abdiqué le droit de se servir de ses ailes, — grand sacrifice pour ces fils de l'air, — elle a conservé la vue de l'espace, elle assiste à la résurrection printanière qui s'accomplit autour d'elle. Que le nid soit accroché aux branches d'un arbre, d'un buisson, ou assis sur l'ados d'un sillon, de réjouissants rayons arrivent en cascades de feuille en feuille, de tige en tige, jusqu'au modeste réduit de la couveuse, et en illuminent les alentours; elle n'est point séparée des êtres de son espèce, elle entend les bruits de la vie; d'ailleurs, chez la plupart des monogames, le mâle ne quitte jamais les alentours du futur berceau; il partage souvent le labeur de sa compagne; il charme par ses chants les ennuis de sa séquestration; il lui prodigue toujours des soins qui, chez ces modèles d'affection conjugale, doivent singulièrement alléger la tâche que la nature impose à la mère.

Tout autre est l'incubation à laquelle la domestication a condamné la pauvre poule : séquestrée dans quelque coin obscur et fétide, elle accomplit son œuvre dans l'isolement et dans les ténèbres.

Le plus souvent un vieux panier représente son nid : c'est là que vous l'apercevrez, gonflant ses plumes pour embrasser plus complètement le dépôt, quelquefois trop considérable, qu'on lui a confié; le col ramassé, rentré sur lui-même, la tête immobile, mais les yeux grands ouverts, gardant pendant des heures la rigidité d'une pétrification; n'y faisant trêve que pour retourner bien doucement ses chers œufs, de façon que toutes leurs parties soient tour à tour échauffées au même degré, ou, bien rarement plus d'une fois en vingt-quatre heures, pour aller glaner quelques graines, avec une incroyable précipitation, — encore l'intervention humaine est-elle quelquefois nécessaire pour la contraindre à quitter le nid; — dans l'un ou l'autre cas, y revenant en toute hâte et reprenant son attitude avec des précautions infinies.

Ce supplice de vingt et un jours, il est bien rare qu'il lasse la persévérance de la poule; l'instinct lui dicte le stoïcisme avec lequel elle le soutient. Il lui fait entrevoir la récompense, l'éclosion de sa petite famille; elle a un tel prix aux yeux de cette mère, qu'elle la rend insensible aux fatigues et aux privations par lesquelles elle doit la conquérir.

XVIII

LES RALES DE GENÊT.

Un vieux serviteur de la maison de Bourbon nous a raconté que, lorsqu'il tuait un râle de genêt dans un des cantons où la liste civile lui avait accordé l'autorisation de chasser, il le faisait présenter au roi Louis XVIII, qui ordonnait immédiatement que l'on ripostât par un faisan.

En sa qualité de gourmet, Louis XVIII appréciait honorablement les mérites gastronomiques du râle de genêt; cependant il ne les taxait pas à leur valeur.

Rendre un faisan pour un râle, c'est rendre pièce pour pièce; de semblables marchés étaient au-dessous de la majesté royale; le roi était tenu de concéder au moins au donataire le droit de choisir et d'abattre son coq dans un des tirés du domaine; c'était un moyen de s'acquitter en monarque. Il est vrai que Louis XVIII ne fut qu'un gourmand incomplet, puisqu'il n'a jamais aimé la chasse.

De tous les gibiers que l'on rencontre en France, je ne crois pas qu'il en soit un que nous ramassions avec plus de satisfaction que ce râle de genêt. Il a tout pour charmer, et sa rencontre ne saurait nous inspirer d'autre regret que celui de l'avoir manqué, quand cela nous arrive.

Il appartient au clan des nomades que nous n'avons qu'un intérêt indirect à conserver; son plumage, d'un roux mordoré, réjouit l'œil, en attendant que les papilles buccales se délectent dans la trituration de sa chair tendre et onctueuse et dont les jus se mélangent d'une graisse moins volatile que celle de la caille, mais, peut-être aussi, plus parfumée.

Les râles de genêt sont très souvent appelés rois de cailles. Ce titre, ils ne le doivent ni à leur grosseur, ni à leur rareté relative, ni à leur supériorité comestible. Un vieux préjugé veut qu'ils servent de conducteurs et de pilotes aux vols de cailles que le printemps nous amène.

Il va sans dire que ce préjugé n'est pas fondé.

Le râle de genêt se mêle quelquefois avec les cailles au moment du passage, mais ce n'est qu'accidentellement, et il voyage ordinairement isolé de ces dernières.

Se réunissent-ils, pour passer, à d'autres oiseaux de leur espèce? Cela nous paraît très probable. On les trouve, il est vrai, rarement réunis; mais il en est de même des bécasses, qui effectuent leurs migrations par petites bandes et se désagrègent à la halte. Le râle de genêt se nourrissant de vermisseaux autant que de graines, son isolement momentané peut être la conséquence des nécessités de son alimentation.

Le râle de genêt arrive vers le mois de mai sous notre latitude, où l'on commence à entendre dans les prairies son cri, qui se caractérise parfaitement par les syllabes *crex*, *crex*. Il y niche; ses petits s'élèvent rapidement.

Aussitôt que ceux-ci peuvent se passer des soins de la mère, ils s'en séparent et arrivent à un degré d'embonpoint dont nous donnerons une idée en disant qu'il nous est quelquefois arrivé, après avoir ramassé certains râles, de voir nos mains devenues luisantes à leur contact; ils suaient leur graisse, littéralement.

A l'ouverture de la chasse, le mouvement rétrograde est commencé pour les cailles, mais les râles de genêt sont un peu plus lents dans leurs préparatifs. A dater du 15 septembre, tous ceux que l'on rencontre sont des râles en transit, et ce serait compter sans son hôte que d'ajourner au lendemain la petite affaire que l'on entend négocier avec eux.

Nous avons dit plus haut que tout était charme dans la rencontre d'un râle de genêt; mais s'il fallait consulter les chiens d'arrêt, il est fort douteux qu'ils partageraient cette opinion. Bien que son fumet leur plaise et qu'ils le goûtent volontiers, — quelques-uns cependant refusent de le rapporter, — sa quête présente tant de difficultés, met leur science, leur nez et leur patience à une si terrible épreuve, que,

seuls, les académiciens de la race se tirent avec honneur d'une œuvre aussi laborieuse.

En moins de temps qu'il n'en faut pour l'écrire, aussitôt qu'il a senti un ennemi à ses trousses, le râle a fait de ses voies un réseau inextricable. L'intrépide marcheur pousse une pointe, revient sur ses pas, se remet, pour imprégner fortement la terre des senteurs de son corps, repart, et, tandis que le chien reste immobile devant des émanations qui semblent attester la présence du gibier, celui-ci est venu se raser entre les jambes du chasseur.

Au moindre mouvement du dernier, il se remet à l'œuvre en variant ses moyens, se jette à droite, se jette à gauche, double sa piste et la redouble encore, décrit mille sinuosités, provoque faux arrêts sur faux arrêts et ne se montre qu'à la dernière extrémité, lorsqu'il se voit acculé au bout du couvert.

Alors, certainement il est à plaindre, — les docteurs prétendent

qu'un homme qui se respecte n'a jamais manqué un râle! — S'il est quelqu'un qui n'a pas beaucoup plus à se congratuler, c'est le propriétaire du champ, dont le trèfle ou la luzerne piétinés accusent éloquemment la vivacité de l'attaque et l'acharnement de la résistance.

Nous n'avons pas grand'chose à dire du râle d'eau, son cousin, dont le trépas n'offre aucune espèce de profit. Comme la poule d'eau, c'est un prétexte à ces coups de fusil qui ne se justifient que par le désœuvrement de celui qui les envoie.

Non seulement il faut toute la science d'une bernardine pour tirer d'un râle d'eau un salmis supportable, mais, de son vivant, il ne peuple rien, il n'anime rien, il n'orne rien, car on ne le voit jamais.

Il ne représente qu'une voix de plus dans le marécage, qui n'en manque pas d'aussi déplaisantes que la sienne. Il se tient jour et nuit au plus épais des joncs des étangs et des prés humides, souvent dans le voisinage d'une haie, surtout si cette haie est hérissée de ronces et d'épines. Comme le bécasseau, et bien que ses pieds soient dépourvus de palmes, il se met à la nage, plonge et sait fort bien placer une flaque d'eau entre son persécuteur et lui.

Cette tactique du râle a fourni à Blaze une de ses gasconnades les plus grandioses : « J'ai vu des chiens, disait-il, qui séparaient l'eau d'un coup de patte, et plongeaient leur nez dans le sillon pour saisir au passage l'odeur que le râle avait laissée en nageant entre deux eaux. »

Pour mon compte, j'avoue que, si je possédais un collaborateur doué d'une si abominable rouerie, je ne saurais plus dormir tranquille.

XIX

LA BÉCASSINE.

La bécasse a débarqué dans nos bois, et la bécassine se montre dans nos marais avec une prodigalité dont elle avait un peu trop perdu l'habitude. C'est de cet aimable revenant que nous allons vous entretenir.

Les bécassines ont-elles diminué en nombre depuis cinquante ans? L'opinion générale est pour l'affirmative; un chasseur, qui est aussi un ornithologiste distingué, M. Marion, a été presque seul à se prononcer négativement dans la question. Cependant, déjà au temps de Buffon, cette diminution de l'espèce était signalée.

Toussenel l'a déplorée, dans un des livres les plus charmants qui soient sortis de sa plume, et, pour mon compte, après avoir pris l'avis de maints rôdeurs de marécages, je la crois flagrante.

Je m'imagine qu'il faut l'attribuer non pas seulement à la multiplication des engins de destruction et des disciples de saint Hubert, mais tout simplement aux progrès de la gastronomie.

La contagion a gagné de proche en proche; sur ce point, il n'est plus de Scythes aujourd'hui. En dépit du proverbe : « Nul n'est prophète dans son pays, » le mérite de cet agréable rôti a fini par se révéler aux compatriotes de la bécassine; les indigènes de ses terrains d'élection, les Silésiens, les Norvégiens, les Lithuaniens s'inclinent comme nous devant cette bouchée de roi; ils profitent de cette attitude ultra-respectueuse pour attacher pas mal de lacets de crin aux roseaux, aux herbes du marais, où elle croyait, la pauvrette, sur la foi du dédain que l'on faisait jadis d'elle, pouvoir élever paisiblement sa progéniture.

Il est impossible que cette guerre d'embûches, au foyer même de

la reproduction annuelle, n'ait pas considérablement éclairci les rangs quand arrive l'heure de l'émigration.

Cependant M. Marion est un observateur trop consciencieux pour que l'on puisse contester un fait dont il se déclare certain. Je serai

donc prêt à reconnaître que les bécassines passent dans les marais du département des Landes en aussi grand nombre que par le passé; mais j'ajoute que le fait peut parfaitement se concilier avec l'opinion de Toussenel. Dix hôtelleries étant données pour une ville, si vous en supprimez la moitié, le nombre des voyageurs pourra également se restreindre de moitié, sans que les cinq aubergistes subsistants aient vu diminuer leurs recettes. Or c'est à peu près là ce qui s'est passé pour les marais, en France. On a desséché un arpent sur deux; il ne serait pas extraordinaire que l'arpent qui reste parût aussi achalandé que par le passé.

Abordons maintenant une autre question également controversée. Faut-il prendre le vent pour entrer dans le marais? Faut-il le parcourir avec le vent en poupe?

Hippocrate dit oui, Galien dit non, et les professeurs ès science de la chasse ne sont pas plus d'accord sur ce point que s'ils étaient d'illustres médicastres.

Établissons le diagnostic de la situation : la bécassine ayant l'habitude de piquer dans le vent, si nous la levons dans ces conditions, elle filera droit devant elle sans se détourner; si, au contraire, nous l'avons prise ayant nous-mêmes le vent au dos, aussitôt qu'elle aura développé son essor, les conditions de son vol la contraindront à exécuter un virage, et, pour se donner le vent debout, à se rapprocher du chasseur en se présentant à lui par le travers. Magné de Marolles, et après lui quelques écrivains cynégétiques, ont préconisé les avantages de cette dernière méthode; d'autres, qui sont des autorités non moins incontestables, d'Houdetot, Lavallée, se sont ralliés à d'autres principes, et peut-être n'ont-ils pas eu tort.

Le travail du chien sur un gibier de haut fumet comme la bécassine est assez attrayant pour balancer les jouissances que l'on peut trouver à tirer quelques pièces de plus; d'un autre côté, après en avoir fait l'expérience, le système de Magné de Marolles ne me paraît pas aussi infaillible qu'il le prétend.

Si la matinée est favorable, si les bécassines « tiennent », quand vous marcherez dans le vent, elles se lèveront d'autant plus près qu'elles auront plus tardivement le sentiment de votre approche, et, le plus souvent, vous serez en mesure de les ajuster à votre aise; si elles sont « légères », comme disent les chasseurs, elles s'envoleront d'autant plus loin que la brise portera plus tôt le bruit de vos pas, et comme elles ont le nez aussi long au moral qu'au physique, neuf fois sur dix elles exécuteront leur virage autour de vous, mais dans un rayon assez étendu pour rendre votre bordée inoffensive.

Tout a été dit sur la valeur gastronomique de la bécassine, et je n'apprendrais rien de nouveau à mes lecteurs en la célébrant à mon tour. On prétend que la petite variété, appelée *sourde* ou *bécot*, est un mets encore plus délicat que la bécassine ordinaire. Je ne me prononcerai pas. La nuance est difficile à saisir; je suis convaincu que, devant le jury dégustateur auquel on soumettrait le litige, la cause ne serait jamais suffisamment entendue, et que le procès serait éternellement à revoir.

XX

LES ANES A PARIS.

Il fut un temps où l'apparition d'un âne sur le pavé de la grande ville affectait les proportions d'un événement.

De charmants dessins de Charlet attestent que jadis, il y a cinquante ou soixante ans, il y apparaissait quotidiennement comme visiteur; le développement des moyens de locomotion l'ayant fait destituer de son emploi de collaborateur des marchandes de légumes et de cerises, l'espèce n'était plus représentée à Paris que par le troupeau d'ânesses qui, sous le fouet de son ânier, s'en va, à un trot qui précipite le drelinement de ses clochettes, porter le tribut écumeux de son lait aux poitrines délicates.

Depuis quelques années, le mince bataillon de ceux de ces quadrupèdes que l'on pouvait qualifier de sédentaires a pris les proportions d'un régiment et menace de devenir un corps d'armée.

Cet accroissement de leur population asine, les citadins y seront probablement insensibles; ils s'en préoccuperont d'autant moins que, pour le constater, il faudrait se lever à ces heures matinales où l'infatigable reporter lui-même se repose des informations de la nuit.

Le Longchamp où figurent ces modestes attelages commence lorsque le commerçant enlève bruyamment les volets de sa boutique, lorsque les fiacres et autres équipages, dits de luxe, n'ont pas encore pris possession du pavé de la République, et il se poursuit tant que dure cet exode quotidien des travailleurs vers le centre de la ville.

C'est alors que se produit le défilé de véhicules, en bon nombre, qui tous ont des ânes dans les brancards.

Le chargement, toujours volumineux, sinon pesant, trahit la profession du propriétaire : sacs de couleur terreuse, peu ragoûtants d'aspect, ventrus, bondés jusqu'à en craquer, hottes, mannequins généreusement lestés, et dans les vides des débris, des détritus de toute espèce; enfin, comme supplément, deux, trois, jusqu'à quatre personnages, aux haillons caractéristiques, qui, en dépit des cahots, doivent trouver, à s'étendre sur le butin du chiffonnage du matin, l'orgueilleuse volupté avec laquelle une duchesse s'allonge sur les coussins de satin de son huit-ressorts.

Ce sont, en effet, les chiffonniers qui tendent à se donner les ânes pour auxiliaires; bon nombre en sont déjà pourvus. Le poète Chatillon a eu beau vanter l'effet galant que peut produire une hotte s'arrondissant sur un dos d'homme, il faut avouer qu'elle est encore mieux à sa place sur l'échine d'un baudet; et puis, cette nécessité d'élargir ses opérations prouve que les affaires des travailleurs noctambules ne vont pas mal, et nous les en félicitons. Nous sommes d'autant plus heureux de les voir rouler carrosse, qu'après informations, nous avons acquis la certitude que l'intéressant quadrupède qui les traîne est loin d'avoir à se plaindre de sa nouvelle condition.

Il y a, même parmi les bipèdes, des individualités qui gagnent à n'être connues que superficiellement; plus on cultive l'âne, plus on l'étudie, et plus on sent grandir l'estime et se développer la sympathie qu'il excite. Oh! la bonne, la spirituelle bête que celle dans laquelle les masses s'en vont chercher les types de l'ignorance, de la sottise et même de la méchanceté! comme on s'aperçoit, en l'observant d'un peu près, de tout ce qu'il y a de finesse, de malicieuse bonhomie sous son extérieur un peu fruste! comme on est bientôt disposé à rendre hommage à son intelligence, qui, distançant de bien loin celle du cheval, ce gommeux de la solipédie, ne le cède qu'à celle du chien! surtout, comme on admire le courage, la fermeté, la stoïque résignation avec lesquels un pauvre baudet peut soutenir les ri-

gueurs de la destinée que notre égoïsme, notre cruauté lui font si triste, soutenu peut-être par cette consolante vérité, qu'un jour viendra où il tiendra tout juste autant de place qu'un empereur dans la terre!

Comme nous le disions tout à l'heure, les nouveaux associés du chiffonnier ne doivent pas trop regretter l'existence champêtre. Sans doute, la corvée du matin est pénible, le maître prend un peu trop au pied de la lettre cet axiome rustique affirmant que sur le dos d'un âne il y a toujours de la place. Lourde est la charge, maigre aussi

est la pitance; mais enfin, à quelques rasades de vitriol près, le patron n'est ni mieux ni plus mal partagé, et cette conscience de la communauté de labeur et de privations aide à les supporter.

Et puis, la tâche accomplie, le bourriquet trouve des loisirs qu'il ne connaissait guère; enfin il a gagné d'être moins brutalement encouragé, — lisez battu, — que par le paysan, auquel l'âpreté du travail rend la main dure, le cœur avec. Il jouit même d'une certaine considération dans la famille, quand l'adoption est récente. Femme, province, baudet, quand ils représentent une conquête, jouissent des bénéfices de la lune de miel; espérons qu'elle durera, au moins pour le dernier.

Cela ne nous paraît pas impossible, sa possession donne un certain relief, dans le monde des chiffonniers; enfin, il a pour lui les petits, qui du matin au soir vont visiter cet important pensionnaire dans l'écurie que le père a construite au pignon de la masure, avec des planches de caisses à savon.

Au mois de mars dernier, en passant sur l'avenue Bessières, je rencontrai un de ces serviteurs du chiffonnier, cherchant son goûter dans les terrains vagues qui subsistent vis-à-vis des fortifications; un petit garçon, de sept à huit ans, le conduisait attaché par le plus primitif des licols, une corde.

Sous ses vêtements déguenillés, avec sa chevelure en désordre, roussie par le grand air, le conducteur avait une physionomie attachante; de grands yeux bleus plus naïfs qu'ils ne le sont chez les enfants des faubourgs, une bouche souriant d'un bon sourire; il suivait avec une curieuse sollicitude les péripéties du repas de son compagnon, péripéties peu fécondes en aubaines.

Le baudet broutait du bout des lèvres quelques tiges de graminées poudreuses et flétries par l'hiver, qui avaient poussé dans ce sol maigre, et, peu satisfait du régal, secouant ses longues oreilles lorsqu'une brise aigre faisait courir des frissons sur son habit gris de lin, il tournait son nez du côté de la ville où devait se trouver l'écurie, avec une expression de résignation mélancolique.

Chagriné par cette indigence du pâturage, le petit garçon traversa la chaussée pour amener son camarade dans les fossés qui la bordent, où quelques taches verdoyantes indiquaient une végétation plus fraîche.

Mal lui en prit. Une bande de polissons qui jouaient dans un des bastions ne les eut pas plus tôt aperçus, qu'elle les prit pour objectif et fit pleuvoir une grêle de cailloux autour d'eux. Atteint au flanc par une pierre, l'âne affolé prit la fuite, escalada un talus, et gagna la crête du rempart; l'enfant, qui ne l'avait point lâché, tomba et fut traîné.

La situation était critique; de l'autre côté se trouve le fossé des fortifications, un gouffre.

Trois ou quatre personnes qui se trouvaient là étaient accourues; inutilement, car, comme s'il eût eu conscience du danger auquel il exposait son petit ami, l'âne s'était subitement arrêté et restait immobile pendant qu'il se relevait.

Malheureusement un sergent de ville était arrivé en même temps que les sauveteurs. Il tança sévèrement le jeune ânier, le menaça de conduire sa bête à la fourrière, s'il la retrouvait sur les fortifications ; l'enfant sanglotant suppliait, le baudet lui-même semblait consterné; heureusement la scène ne tourna pas au tragique; le représentant de l'autorité se contenta de reconduire le couple sur la chaussée; une pièce blanche qu'un des spectateurs mit dans la main de l'enfant sécha ses larmes.

Une demi-heure après, en repassant devant le terrain vague, j'y retrouvai le petit chiffonnier et son âne.

Le premier, ayant consacré une partie de ses capitaux à l'acquisition d'une livre de pain, s'était assis sur ses talons; devant lui était le baudet, qui, l'encolure allongée, suivait avec intérêt tous les mouvements de son jeune maître; celui-ci garda pour lui la plus petite part et abandonna l'autre aux lèvres de son âne, qui, sans quitter sa posture, se mit à triturer amoureusement cet agréable supplément à son herbe desséchée. Vous en rirez peut-être, mais, en m'en allant, je me disais que, si ce bambin s'affirme plus tard en brave homme, sa charitable amitié pour sa bête n'y aura pas été étrangère.

XXI

LE DINDON.

Le dindon est un des hôtes les moins sympathiques de la basse-cour. Si la très réelle finesse de ses instincts dément la bêtise dont on a voulu qu'il fût le type, sa physionomie, sa démarche niaisement solennelle, son gloussement insipide, justifient le jugement populaire.

Il y a des degrés dans ces dehors. La sottise est bien moins caractérisée chez la femelle que chez le mâle, où elle se double d'une fatuité trop imparfaitement justifiée. Cependant, peut-être serait-il sage de nous montrer indulgents pour elle. Si elle nous paraît agaçante, c'est en raison de notre prétention de tout rapporter à nous.

Un dindon qui fait la roue se soucie un peu moins de conquérir nos suffrages que de plaire à sa dinde; s'il y réussit, vous reconnaîtrez que pour lui c'est l'essentiel.

Né et élevé dans une basse-cour, il y reste aussi dépaysé qu'un provincial fourvoyé dans quelque réunion du monde élégant. Ses allures y sont timides, empruntées; il paraît si embarrassé de ses longues pattes, qu'il y a tout lieu de penser que, s'il avait des poches, il les y cacherait.

Mieux partagé que ses compagnons de captivité sous le rapport de la force comme de la taille, il est bien rare qu'il acquière dans la communauté une influence prépondérante. Il n'est point batailleur, en dehors de certaines époques climatériques.

Maintes fois nous avons vu un petit coq anglais, au manteau rouge rehaussé d'or, au corsage de velours bleu, défier, les ailes pendantes, un énorme dindon en combat singulier, et chanter victoire en se redressant sur ses ergots, après la retraite de son adversaire.

Ce n'est guère que lorsqu'il s'agit d'arriver à l'auge commune qu'il se montre jaloux de maintenir sa préséance. Il y parvient ordinairement sans lutte; en dehors des tempéraments rageurs dont je viens de vous citer un échantillon, la plupart des autres commensaux témoignent quelque respect pour sa masse et sa stature imposantes.

Le peu d'aisance qu'il affecte dans la compagnie à laquelle il se trouve mêlé, aussi bien que ses relations avec nous, ont leurs circonstances atténuantes. Le dindon est un rallié de fraîche date; il n'y a guère que trois siècles que la civilisation lui a octroyé la savonnette à vilain qui lui donnait rang dans la famille de nos serviteurs.

Ce fut en 1524, sous le règne de Henri VIII, que les dindons importés d'Amérique en Espagne furent introduits en Angleterre. Anderson fixe leur apparition en France au repas de noces de Charles IX, c'est-à-dire à l'an 1570. Ils avaient mis du temps à traverser le détroit; mais depuis ils ont fait du chemin.

C'est encore à cette récente acclimatation qu'il faut attribuer la médiocre fécondité de la poule d'Inde. Elle ne fait guère qu'une ponte, bien rarement deux, dont chacune est d'une quinzaine d'œufs. Il nous paraît très vraisemblable que cette faculté s'étendra chez elle, comme elle s'est développée chez la poule ordinaire; à mesure que la domestication oblitérera de plus en plus ses instincts primitifs; peut-être l'influence de notre prestigieux voisinage parviendra-t-elle également, à la longue, à doter l'espèce des qualités aimables dont nous lui reprochons l'absence.

Cette poule n'en est pas moins une excellente mère de famille; elle s'acquitte avec une si touchante abnégation des rudes labeurs de l'incubation, que quelques faisandiers, en Italie surtout, lui confient la tâche d'amener leurs trésors à l'éclosion. Cependant sa taille et son poids la rendent gauche et maladroite; il est prudent de lui venir en aide quand elle quitte ou quand elle reprend son nid.

L'éducation des dindonneaux est une œuvre délicate et difficile; ces sauvages d'hier sont loin d'avoir gardé la rusticité qui doit les

caractériser dans les solitudes américaines; ils craignent tout à la fois le froid, l'humidité, la pluie et un soleil trop ardent; comme il arrive à tous les exilés, lorsque la mortalité se met dans leurs rangs, elle les éclaircit rapidement.

Par un contraste assez bizarre, ces jeunes oiseaux, destinés, en grandissant, à devenir fort indifférents aux soins qu'ils recevront,

manifestent une prédilection très caractérisée pour la nourriture qu'on leur distribue dans la main. Lorsqu'on leur a donné cette habitude, on les entend piauler même quand il reste quelque provende à leur portée, pour appeler la servante qui préside à leurs repas.

On retrouve encore un reflet des instincts de l'indépendance bien plus caractérisé chez eux que chez les poussins. Lorsque la poule d'Inde, très vigilante, très perspicace, signale par un cri particulier la présence dans les airs d'un oiseau de proie, on les voit se réfugier sous les buissons, se cacher dans l'herbe, et ils y restent blottis jusqu'à ce qu'un autre cri les ait avertis que l'ennemi s'est éloigné.

Nous avons dit qu'il est des circonstances où ce pacifique devient grincheux ; ajoutons qu'il ne le devient jamais au point de se rendre, comme l'oie mâle, redoutable aux mollets de la jeunesse.

Les démonstrations de son humeur guerroyante vont rarement au delà de la pantomime ; à l'instar des Chinois, avant de se livrer à des massacres, il cherche à épouvanter son monde. C'est alors qu'il gonfle son plumage, fait rayonner les pennes de sa queue, allonge démesurément les barbillons écarlates que l'on appelle irrévérencieusement sa roupie, et piétine sur place en affectant des airs menaçants. Le paon est un glorieux qui entend vous faire tomber en pâmoison par l'étalage des pierreries dont son plumage est constellé ; le dindon est un pauvre diable d'oiseau que vous troublez dans un moment où, généralement, on fait cas de la solitude, et qui vous témoigne, à sa manière, qu'il n'est pas content. Nous aurions donc eu tort de vous laisser supposer que sa roue pouvait être une manifestation de sa vanité ; elle est celle de sa colère ou de son désir de plaire à sa femelle.

Nous ne vous dirons rien de la chasse du dindon sauvage, parce que, ne l'ayant jamais pratiquée, nous serions forcé d'en emprunter le croquis à l'œuvre de quelque écrivain trappeur. Il est infiniment plus simple de vous renvoyer à ces messieurs. Soyez tranquille, quel que soit celui que vous choisirez dans la pléiade, il vous fera goûter de ce rôti sans équivalent, et probablement, au second service, vous aurez un jambon d'un ours grizly abattu par son bon rifle ! Bon appétit !

XXII

LOIRS ET LÉROTS.

Si vous vous promenez dans le jardin à cette heure douteuse et charmante qui n'est plus le jour et qui n'est pas encore la nuit, où les fleurs et les feuilles alanguies, se redressant sur leurs pétioles, semblent aller au-devant de la fraîcheur qui va les ranimer, où les coloris s'éteignent, où l'horizon se peuple de silhouettes, où le paysage devient un fusain, peut-être, sur la crête du mur, aurez-vous aperçu un petit animal, vif, alerte, courant sur cette ligne dont la blancheur se détache encore du ciel plein d'ombre.

Vous l'aurez probablement accepté pour un rat; votre jardinier. consulté, vous l'a présenté comme un loir, en accompagnant ce nom de toutes les invectives que l'indignation peut fournir.

Le brave homme se trompe d'étiquette; mais, quant aux malédictions, nous devons reconnaître qu'elles sont légitimes. Ce visiteur crépusculaire, qui vient de disparaître dans le fouillis des hautes pousses de l'espalier, le lérot, ne doit pas vous trouver indifférent à son apparition; elle représente son entrée en campagne : vos abricots, vos pêches, vos poires, vos raisins, sont ses objectifs, et comme il est connaisseur, il choisira toujours les plus beaux.

Nous devons reconnaître que le lérot nous fait, sur le chapitre des productions fruitières, une si terrible concurrence, que nous étions parfaitement autorisés à le proscrire; cependant sa malfaisance ne nous empêchera pas de le déclarer charmant; jamais nous n'avons trouvé ce cousin germain de l'écureuil dans le piège qui met fin à ses déprédations sans accorder un soupir de regret à ce joli petit animal au pelage d'un gris soyeux; nous contemplons avec quelque mélancolie cette tête encore intelligente et fine, où l'œil se détache sur un large encadrement de velours noir, inerte et raidie sur le fruit tentateur qui a conduit le lérot à un si horrible trépas.

Maintenant, nos regrets iraient-ils jusqu'à souhaiter la résurrection du coupable? nous demanderions à réfléchir avant de répondre. Il nous paraît infiniment probable que, si loirs et lérots étaient les plus forts, ils auraient inventé quelque monstrueux engin pour nous serrer le cou lorsqu'il nous prendrait la fantaisie de mordre dans le duvet marbré d'une pêche, et cette présomption peut justifier nos rigueurs. Ce ne sont point, comme on le prétend, les hommes qui ont inventé la guerre, c'est l'appétit.

Celui du lérot est d'autant mieux aiguisé pendant l'été, que, tant qu'a duré la saison rigoureuse, il a chômé. Avec la marmotte, avec le loir, avec le muscardin, la plus petite variété de l'espèce, il appartient à la catégorie des animaux hibernants. Aux approches de l'hiver, le lérot se confine, souvent en compagnie de quelques camarades, tantôt dans un arbre creux, tantôt dans quelques crevasses d'une muraille, et là, pelotonné en boule, il dîne d'un somme jusqu'au printemps.

Durant cette période, la respiration de ces animaux devient intermittente et se produit par séries; suspendue pendant un nombre de minutes qui varie de deux à six lorsque le thermomètre oscille entre cinq et un degré au-dessus de zéro, l'intervalle peut être de quinze à dix minutes sur la fin de la léthargie; le cœur fournit ensuite de quinze à vingt-huit pulsations consécutives.

Lorsque le froid devient intense, cet engourdissement, loin de s'ac-

centuer, subit une trêve momentanée, le lérot se réveille temporairement, et probablement sous l'influence de l'accélération de la circulation. Les entr'actes que doit subir cette somnolence sont, du reste, indiqués par le soin que prend l'animal d'approvisionner son gîte. En mère prévoyante et jalouse d'assurer la conservation de tous ses enfants, la bonne nature a tenu à ménager une ressource aux lérots inexpérimentés qui se seraient fourvoyés dans quelque abri insuffisant pour les préserver de la congélation.

Terminer sa vie dans un piège au moment même où l'on compte donner satisfaction à sa concupiscence, cela n'a rien d'agréable, même pour les lérots; ces infortunés sont cependant exposés à un dénouement autrement cruel : les phénomènes de leur léthargie tentant les expérimentateurs, qui se les procurent plus aisément que des marmottes, il leur arrive quelquefois de jouer le rôle de patients dans ces effroyables tragédies que les savants appellent des vivisections, et il n'est point prouvé que le sommeil du lérot le préserve de leurs angoisses.

Un médecin en avait recueilli une nichée, sur laquelle il se promettait de répéter les expériences de Mangili sur l'influence du calibre des artères cérébrales chez les animaux dormeurs.

Il eut le tort d'en confier l'éducation à sa fille, bonne et aimable enfant d'une douzaine d'années, et celui plus grand encore de ne point dissimuler devant celle-ci les aimables moyens qui devaient lui assurer les merveilleuses découvertes qu'il se promettait.

Le lérot, comme le loir, s'apprivoise aisément. Des trois petits que le nid contenait, un seul avait survécu; celui-là était devenu d'une incroyable familiarité, il venait à la voix de l'enfant, la suivait et mangeait dans sa main. En d'autres circonstances, le docteur eût été touché de cette intimité, mais la science rend implacable. Lorsque les feuilles commencèrent à s'éparpiller au souffle de la bise, que le froid commença à s'accentuer, Lucas, le lérot avait reçu ce nom de bucolique, fut enlevé à sa petite maîtresse, placé dans une cage que le médecin accrocha à la porte de son cabinet, dont, pour plus de sûreté, il ferma la porte en mettant la clef dans sa poche.

Le lendemain, le futur sujet n'en avait pas moins disparu. Interrogée, la fille confessa que c'était elle qui, en appliquant une échelle contre la muraille, était arrivée jusqu'à la cage; mais ni menaces ni prières ne purent la décider à avouer où elle avait caché le prisonnier. Le docteur était furieux, d'abord de l'évanouissement de ses espérances, et aussi de l'incroyable entêtement de cette enfant; mais ce fut en vain qu'il la punit, en vain qu'il renouvela ses instances, en vain qu'il pratiqua les fouilles les plus minutieuses dans tous les coins et recoins de la maison.

Ce ne fut que huit jours après, lorsque le père, décidé à recourir à la douceur, eut juré de respecter la vie de Lucas, que la fillette, entr'ouvrant son corsage, découvrit le museau pointu du lérot, que la chaleur de cet agréable gîte tenait parfaitement éveillé. Le père se montra beaucoup plus audacieux que ne fut M. le premier président Séguier vis-à-vis d'Anne d'Autriche : s'il respecta le dépôt, il embrassa dix fois la coupable.

XXIII

LE CYGNE DU VOISIN.

A côté de ses tragédies, la chasse est l'occasion d'une menue monnaie d'accidents, également redoutables, bien que le sang humain n'y ait pas coulé.

C'est un effroyable malheur que d'avoir à se reprocher un moment d'étourderie qui aura coûté la vie à l'un de vos semblables; il est également désobligeant de recevoir, n'importe où, une trentaine de grains de plomb, mais je ne sais pas s'il ne vaudrait pas mieux affronter cette éventualité que de devenir le héros de ces aventures qui vous couvrent d'un ridicule contre lequel ni science ni art n'ont de remède.

Alphonse Karr a raconté l'histoire d'un de ses amis qui, ayant pris et fusillé une énorme dinde couveuse pour un lapin, l'avait payée et rapportée dans son carnier. L'histoire était vraie; j'en ai connu le héros : elle fit sensation dans l'arrondissement, et l'étiquette du « Monsieur à la dinde » s'attacha à ce chasseur infortuné.

Le sobriquet n'était pas seulement désobligeant : il fut pour le pauvre homme l'occasion des déceptions les plus graves; il chercha plusieurs fois à se marier; ses poursuites furent constamment éludées; l'ambiguïté de ce diable de surnom épouvantait les plus résolues. Il eut beau abaisser le niveau de ses prétentions, rien n'y fit; à la longue, convaincu qu'il ne réussirait jamais à se débarrasser de cette tunique de Nessus d'un nouveau genre, exaspéré par la multiplicité de ces défaites matrimoniales, il se décida à ce que l'on peut bien appeler le suicide conjugal, il épousa sa cuisinière.

Avoir pris un dindon pour un lapin, un veau pour un loup, un cochon pour un sanglier, constitue un solécisme cynégétique que la philosophie peut vous aider à supporter. Tuer un animal privé, un oiseau dressé, la joie, l'orgueil de quelqu'un que l'on connaît aussi, voilà où l'attentat prend des proportions accablantes. J'ai joué un rôle actif dans un événement de ce genre, qui, pour s'être terminé assez gaiement, ne m'en a pas moins fait passer quelques minutes bien désagréables.

Je revenais de la chasse, après une journée aussi laborieuse que peu productive; je suivais les bords du ruisseau jalonné d'aunes et de peupliers, lorsque, en arrivant à un angle où le remous avait élargi son bassin, je fus surpris par le brusque départ d'un énorme oiseau, s'enlevant à grand bruit à vingt pas de moi.

Je réussis à l'abattre.

Les premières impressions furent toutes de ravissement : c'était un cygne que j'avais tué; il représentait une bonne fortune, assez rare même pour les chasseurs rustiques; et puis, quoique tiré de près, le coup de feu ne l'avait pas endommagé : une aile cassée, un grain de plomb à la tête; comme je m'étais tout de suite promis de le faire empailler, rien ne gâtait ma satisfaction.

Cependant, en le contemplant sur le dos du garde, qui cheminait devant moi, quelques réflexions, hélas! bien tardives, commencèrent à diminuer mon ivresse. Nous étions à la fin d'octobre; mais il n'y avait pas encore eu de froids assez rigoureux pour expliquer la présence de ce grand migrateur dans des eaux aussi modestes que les nôtres; je me disais aussi que les cygnes sauvages voyagent rarement isolés, la solitude de celui-là m'inquiétait, et j'avais besoin de constater à chaque instant le ton grisâtre du plumage pour me fortifier contre de vagues appréhensions.

Elles n'étaient que trop bien fondées, et mes doutes ne tardèrent pas à se changer en certitude. En rentrant chez moi, on m'apprit que le jardinier de l'un de nos voisins était venu s'informer d'un

cygne qui avait disparu des fossés de son château depuis la veille.

Ce fugitif domestique et ma conquête ne faisaient qu'un, c'était clair.

La situation était d'autant plus désobligeante, que nos relations avec ce voisin, M. X..., ancien fabricant de pâtes alimentaires et nouveau venu dans le pays, étaient dans ce moment assez tendues. Mais il n'y avait pas à hésiter, la nécessité d'écarter tout soupçon de préméditation vindicative autant que le savoir-vivre exigeaient que j'allasse déposer mes remords, mes explications et le corps du délit aux pieds de la châtelaine.

Un quart d'heure après, je débarquais, mon oiseau sous le bras, devant le perron du voisin; je rencontrai celui-ci dans l'antichambre: il venait au-devant de moi les sourcils froncés.

Je lui présentai l'oiseau, qu'il reconnut avec la même moue menaçante, et je lui exposai ce qui s'était passé. J'ajoutai qu'après lui avoir restitué son bien, il me restait encore à rendre à ses eaux le brillant ornement dont je les avais involontairement privées.

Il eut quelque peine à comprendre; il fallut que j'ajoutasse que le Jardin d'acclimatation avait toujours un stock de ces oiseaux à la disposition des amateurs, et que je me proposais d'en demander un à son administration le soir même; alors la physionomie de mon voisin se détendit.

« Mon Dieu! Monsieur, me dit-il, moi aussi, je suis chasseur; je me fusse trouvé à votre place, que très probablement il n'en eût été ni plus ni moins; je ne saurais donc vous en vouloir. Mais c'est le chagrin de ma femme qui me désespère! Figurez-vous que Mme X... aimait cette bête-là comme son enfant. Entrez au salon, je vous en prie; vous allez essayer de lui faire entendre raison. »

Il avait déjà ouvert la porte, il fallut y passer en étouffant un gros soupir.

A ma vue, ou plutôt à la vue de ma victime, que son mari balançait au bout de son poignet, la vermicellière poussa des gémissements à fendre l'âme.

« Ah! mon Dieu! s'écriait-elle, pauvre César! — c'était, parait-il, le nom du défunt, — quel malheur! Ah! Monsieur! vous ne comprendrez jamais tout le mal que vous me causez aujourd'hui. Un si beau cygne! Et nous l'avions eu pour presque rien, une occasion; et puis il me connaissait, Monsieur; il venait à ma voix, il mangeait dans ma main. Non! non! jamais je ne m'en consolerai! Mais aussi, pour tirer comme cela des coups de fusil sur la première bête venue, il faut être bien... »

Ces apostrophes tombaient sur ma conscience en y produisant l'effet du plomb fondu sur la chair vive; je baissais le nez, tout honteux : le vermicellier prit ma confusion en pitié.

« Mais tais-toi donc, mignonne, dit-il à sa femme en brandissant son oiseau, qu'il tenait par le col ; monsieur n'a rien à se reprocher ; d'ailleurs, s'il a eu des torts, il les répare noblement, galamment, puisqu'il va t'offrir un autre cygne que tu apprivoiseras aussi facilement que l'ancien, et qu'il nous laisse celui-là, que nous allons envoyer à la cuisine.

— Manger César ! s'écria la dame avec indignation.

— Comment donc ? mais, à la broche ou bien aux navets, ça n'est pas plus mauvais qu'un canard, n'est-ce pas, Monsieur ?

— Certainement, m'écriai-je en saisissant avec enthousiasme la perche que me tendait le voisin ; le cygne n'était-il pas avec le héron et le paon un des plats d'honneur des festins de nos anciens rois ? »

Cette évocation pseudo-historique avait produit une certaine impression sur la vermicellière.

« Pauvre César ! murmura-t-elle en donnant une dernière caresse au cadavre du cher défunt ; enfin, il est mort ! Et puis, j'étais si embarrassée pour trouver un rôti pour notre grand dîner de dimanche prochain ! »

Telle fut la péroraison de l'oraison funèbre de feu César. J'ai quelquefois regretté de n'avoir pas insinué à nos voisins que, chez « nos anciens rois », un tel rôt se servait avec une boîte à musique dans le ventre, par allusion au fameux chant du cygne ! C'eût été un moyen de leur ménager un double succès auprès de leurs hôtes. C'est égal, regardez-y à deux fois avant de tirer sur les cygnes au mois d'octobre !

XXIV

LES HIRONDELLES.

Un bambin de mes amis que je venais de trouver en contemplation devant un nid d'hirondelles construit dans l'embrasure d'une fenêtre, m'adressait un jour cette question singulière :

« Il y avait donc bien des fenêtres à la maison d'Adam et d'Ève? »

Et comme je lui demandais les raisons de sa demande :

« Dame! me répondit-il, puisqu'ils étaient tout seuls dans le paradis terrestre, les hirondelles n'avaient que les fenêtres de leur maison pour mettre leurs nids! »

Sous son apparence puérile, la réflexion était de bon sens; la logique implacable de l'enfant mettait une théorie d'histoire naturelle en déroute.

Nous sortirons du paradis avec nos premiers parents, si vous le voulez bien, laissant l'ange à l'épée flamboyante se morfondre dans sa faction à la porte.

Nous retrouverons les hommes des premiers âges habitant des troncs d'arbres, des anfractuosités de rochers, puis sous des tentes; à cette époque, évidemment, les hirondelles de fenêtre, de muraille, de cheminée, ne pouvaient pas manifester les prédilections qui devaient servir plus tard à les caractériser. Si ces variétés ne sont pas des branches détachées du rameau principal, qui pourrait être l'*hirundo rupestris*, espèce qui vit dans les gorges des montagnes et ne dépasse guère la région méridionale, il se sera opéré chez elles une déviation, sinon de l'instinct, au moins des habitudes; aux temps primitifs, elles devaient, comme la dernière, nidifier sous les saillies de quelques rochers, à l'abri des branches maîtresses de quelques gros arbres, et se montrer médiocrement jalouses de notre voisinage, dont elles ne savent plus se passer aujourd'hui.

N'en déplaise aux partisans des causes finales, si éclatante que soit la sympathie dont ces aimables oiseaux nous honorent, nous n'avons pas lieu de nous en montrer trop fiers.

Comme le tendre intérêt que les étourneaux témoignent aux bandes de vaches et aux troupeaux de moutons, elle est dictée moins par le sentiment que par l'appétit.

La propreté n'a rien eu de prime-sautier dans notre espèce, surtout en ce qui concerne nos habitations; ses progrès sont même si lents, qu'ils laissent encore pas mal à désirer. Grand gaspilleur, l'homme laissait foisonner autour de ses cabanes des débris, des détritus dont les uns fermentant, les autres arrivant à la corruption la plus franche, concentraient des myriades de moucherons et d'insectes. Ce flux incessant des proies variées eut, pour rallier autour de nous les hirondelles, un peu plus d'influence que le charme ou la majesté de nos personnes. Puisque nous en recueillons les bénéfices, il serait de mauvais goût de s'appesantir sur le point de départ de l'amitié qu'elles nous témoignent. Cette amitié n'est en réalité que la raison sociale de deux intérêts.

Arrivant à l'heure bénie où le soleil nous est rendu, où ses tièdes rayons préludent à l'épanouissement de la création et des créatures, vivifiant par ses allées et venues, par le touchant spectacle de sa maternité, les alentours de nos demeures, l'hirondelle, en dehors des sérieux services qu'elle nous rend, a cent fois mérité que la protection humaine s'étendît sur elle.

Elle ne justifie pas moins complètement les prédilections de la poésie; dans cette nature où les transitions sont ménagées avec tant d'art, qu'on ne les constate jamais sans une admiration profonde, elle représente le trait d'union entre l'être aérien et l'idéal; elle est l'expression suprême de la vie éthérée. La terre n'a point été faite pour elle; par ses pattes rudimentaires, elle serait réduite à ramper comme le serpent, si elle n'était pas l'hirondelle, la reine de l'espace, qu'elle sillonne d'un vol infatigable.

Ses migrations, sa fidélité assez bien prouvée aux endroits dont ses

premières amours ont fait sa patrie, prêtaient encore à la légende. Esquiros a écrit : « Au prisonnier, l'hirondelle dit « liberté »; à l'exilé, elle dit « patrie » !

Un captif illustre, Godefroy Cavaignac, a chanté les consolations qu'il lui devait, dans une dizaine de stances qui, en dépit de leur titre démodé de romance, ne vieilliront jamais.

Sous prétexte qu'elles happent dans leur vol quelques-uns de ces ichneumonides, parasites des chenilles qu'ils détruisent en introduisant des œufs sous leur peau, un naturaliste, grand amateur de chemins non frayés, a contesté la réalité des avantages que nous procure la présence des hirondelles, et les a classées, comme insectivores, fort au-dessous de ce désagréable conirostre qu'on appelle le moineau franc!

Si l'hirondelle occit, ce qui nous paraît probable, quelques hyménoptères, nous en sommes désolés pour ceux-ci, et surtout pour nos

arbres fruitiers; en revanche, comme elle chasse surtout aux abords de nos maisons, sur les routes qui y conduisent, dans les rues qui les bordent, il est infiniment probable qu'elle nous débarrasse d'une quantité énorme de mouches, moucherons, moustiques, qui, nous ayant pour objectifs, y stationnent en grande majorité sur les ichneumons. La compensation nous paraît suffisante.

Nous engageons celui qui en douterait à aller faire un tour de promenade dans une de ces aimables contrées où, pour dormir, on ne saurait se passer de la protection d'une moustiquaire; il en rapportera un visage tuméfié probablement, mais très certainement un cœur gonflé d'indignation contre l'auteur de cet étonnant paradoxe. Quant à l'insectivorerie du moineau franc, nous vous dirons plus loin ce qu'en vaut l'aune.

N'étaient les exigences de la migration et aussi la difficulté de lui fournir pendant l'hiver une alimentation aussi spéciale, l'hirondelle eût été certainement domestiquée pour prendre place dans nos volières.

L'instinct de sociabilité, qui, après avoir groupé la race, l'a rapprochée de l'homme, n'a point dit son dernier mot.

Les exemples d'hirondelles parfaitement apprivoisées sont si multipliés, que nous n'avons pas besoin de les citer; malheureusement, le dénouement est toujours lugubre : nécessité de rendre à la liberté la prisonnière à une heure trop tardive, où son isolement dans la lointaine traversée lui serait fatal; désespoir de l'éducatrice, quelque bonne petite fillette à laquelle la séparation va coûter des larmes amères et qui se reprochera cruellement d'avoir été, par ses hésitations, la cause de la triste destinée de sa protégée.

Il faut bien le reconnaître, ni la reconnaissance, ni la sympathie que notre espèce inspire à ces oiseaux ne prévalent contre la loi supérieure qui commande le départ.

Une jeune fille avait élevé trois petites hirondelles tombées d'un nid détruit par un orage; elles étaient charmantes, parfaitement familières, et voletaient dans l'appartement; au commencement d'octobre, je conseillai de leur ouvrir la fenêtre : elles prirent leur essor au dehors, se mêlèrent à leurs compagnes et les suivirent dans les volutes de leurs vols; mais ce jour-là, comme les suivants, elles rentrèrent plusieurs fois dans la journée dans le salon, et tous les soirs dans leur cage. Cependant, le jour du grand rassemblement, elles ne revinrent plus comme d'habitude à leur gîte, et le lendemain elles avaient disparu avec leurs sœurs.

Dans l'état de liberté, notre présence n'excite chez cet oiseau qu'une médiocre appréhension. Rien de plus commun que de le voir établir son nid dans un grenier, dans une grange assez fréquemment visités.

Un couple d'hirondelles avait attaché sa bâtisse à une solive d'un cellier; un jour, en y entrant, j'aperçus un des petits, à peine couvert de plumes, qui était tombé sur le plancher, la mère volait autour de lui en poussant de petits cris. Je ramassai ce naufragé de la terre ferme, et, grimpant sur un tonneau, je le réintégrai dans son berceau ; je n'avais pas encore retiré la main, que l'hirondelle se précipitait de plein vol par l'étroite ouverture, s'installait sur sa nichée, et, les ailes à demi étendues, le bec entr'ouvert, haletante encore de l'angoisse qu'elle venait d'éprouver, elle fixait sur moi ses yeux noirs et brillants comme deux perles de jais, sans s'effaroucher du voisinage de mes doigts.

Je ne prétendrai point que ce regard me remerciait éloquemment du service que je venais de rendre ; mais il me disait certainement que l'oisillon était bien sûr que je ne lui voulais aucun mal.

Encore quelques jours, et ce sera la fête du retour de ces aimables voyageuses ; elle est de celles qui ne trouvent point d'indifférents. Toute notre glose ne vaut pas pour elles le bonjour cordial avec lequel chacun les saluera lorsque, pour la première fois, il verra un des batteurs d'estrade de leur avant-garde déboucher de l'arche d'un pont et glisser au-dessus du fleuve, en l'effleurant de son corselet blanc.

XXV

L'ÉPINOCHE.

Nous ne médirons pas des poissons rouges, d'abord parce qu'ils sont aussi souvent la joie de la mansarde que l'ornement du salon, et que le luxe du pauvre a droit à autant de respect que son pain; ensuite parce que, nous le reconnaissons volontiers, ces cyprins, taillés dans un morceau de métal en fusion, sont d'un merveilleux effet, même dans un simple bocal, où leurs proportions s'accentuent, où leur coloris double d'éclat.

Ce chef-d'œuvre de la pisciculture chinoise est incontestablement une merveille; mais, hélas! est-il une merveille plastique dont on ne finisse par se fatiguer?

« Encore, si cela savait dire : *papa*, *maman*, comme ma poupée! » s'écriait un jour devant nous une petite fille, sur laquelle l'éternelle et mécanique promenade de deux cyprins dans leur cirque de cristal avait produit l'impression que nous venons d'indiquer.

Non seulement le poisson rouge ne parle pas, mais il végète plus qu'il n'existe; puisque c'est surtout par les passions et par les vices que la vie se traduit chez tous les êtres, y compris l'homme, et cet innocent n'a ni passions ni vices : plaignons-le.

Ces ferments d'agitation intéressante, parce qu'elle est accidentée, existent cependant chez des poissons que vous pouvez donner pour hôtes à votre aquarium.

Laissons de côté les rapaces, qui vous procureraient le spectacle devenu banal du fort écrasant le faible, qui répéteraient éternellement la scène peu ragoûtante du tigre qui prend sa nourriture; pensionnaires dispendieux qui ont encore le désagrément de toujours choisir pour se régaler celui de leurs compagnons dont vous commenciez à considérer les évolutions avec quelque complaisance.

Il y a parmi les minuscules du peuple écaillé une conquête bien autrement intéressante à réaliser, qui fournira ample matière à la curiosité, si le pisciculteur en chambre se double d'un observateur, et dont les éternels combats à armes égales, quoique parfaitement affilées, pourront vous distraire par leurs péripéties, si c'est uniquement cela que vous cherchez : ce minuscule, c'est l'épinoche.

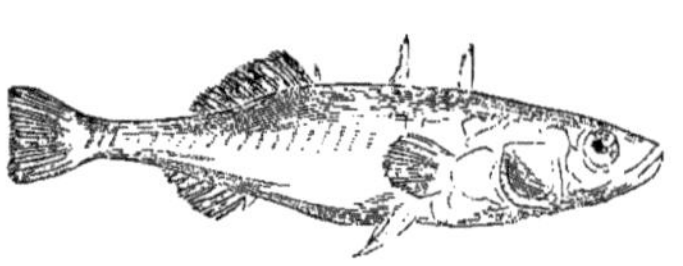

Vous la reconnaîtrez plus vite par son nom vulgaire de *savetier*. M. Eugène Rolland, dans sa *Faune populaire*, nous apprend qu'on l'appelle « épinglé » dans la Meuse, « pinguion » dans le pays messin, « picasse » dans les Charentes, « dardelet » et « digard » en Normandie, « estancelin » dans l'Artois, « estranglo-cat » en Provence. Sa qualification scientifique, qui n'est pas moins imagée : *gasterosteus aculeatus*, représente fort bien les plaques articulées, munies de piquants, qui garnissent ses flancs et qui, avec les épines du dos, constituent un armement formidable dans ses petites proportions.

Il ne lui a pas été attribué pour sa défense uniquement; le savetier est un guerrier. Si peu sympathique que soit le tempérament batailleur, il faut, cette fois, être indulgent pour celui qui l'affiche, car il a pour point de départ un sentiment fort exceptionnel dans l'ordre auquel il appartient : l'épinoche est un poisson à la fois incubateur et éducateur. C'est à ce titre surtout qu'elle est digne de notre intérêt.

Chez l'épinoche, les lois qui président à la reproduction ovologique sont complètement renversées. Réduite au rôle de pondeuse, la femelle n'a que cette part aux travaux de la multiplication; toute la besogne préparatoire, comme l'œuvre incubatrice et éducatrice, le mâle est seul à l'assumer.

Son nid, il le construit sans aide, et, en raison des proportions qu'il lui donne, de la perfection de la contexture, des difficultés que présente un semblable milieu et de la pauvreté des outils avec lesquels un aussi faible poisson doit suffire à sa tâche, ce nid est une œuvre encore plus étonnante que celle de l'oiseau.

Quand elle en a choisi l'emplacement, dans quelque partie du ruisseau où les effets du courant et des remous ne sont pas trop à re-

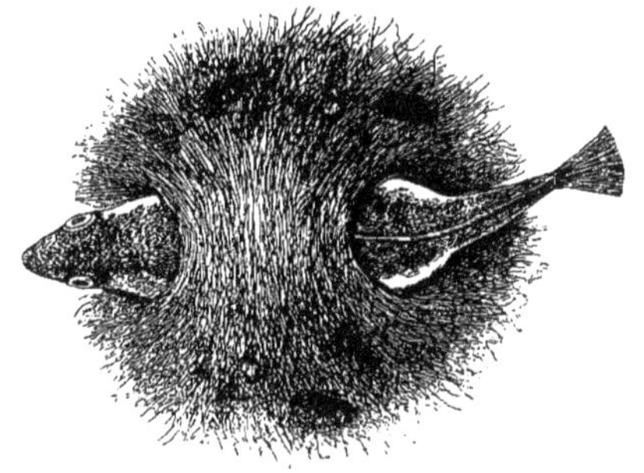

douter, l'épinoche établit les assises du futur berceau; elles consistent en brins d'herbe et de mousse, disposés en rond. Aux débuts de la construction, elle leste ses matériaux avec du sable, des graviers qu'elle apporte dans sa bouche; puis, quand les fondations ont une épaisseur suffisante, elle les agglutine, les soude, en se frottant laborieusement sur elles, à l'aide d'une mucosité que sécrète son abdomen.

Elle s'occupe alors des murailles, qui consistent en débris de graminées et de radicelles, qu'elle superpose, qu'elle relie par le même procédé, de façon à former une espèce de tube, qui a quelquefois trois fois la largeur de son corps, muni d'une seule ouverture, et enfin elle l'assujettit en le chargeant de petites pierres.

L'édifice est achevé, il ne s'agit plus que de lui fournir des habi tants ; le maçon échange son costume de travail contre son habit de noces; la teinte grisâtre de ses flancs et de son ventre prend les irisements de l'opale; les tons d'un vert assez terne de son dos acquièrent un éclat métallique. Ainsi vêtue d'azur, de feu, d'or et d'argent, notre épinoche se met en campagne, cherche et trouve une femelle chargée d'œufs; le *savetier* la conduit, la pousse, s'il le faut, dans le petit palais.

La dame savetière dépose quelques œufs sur le lit qui les attend et s'enfuit en trouant les parois opposées à l'ouverture; alors le mâle entre et fait son œuvre après elle; mais ce premier succès est loin de donner satisfaction aux ardeurs nourricières qui consument celui-ci; il se met en quête d'une seconde âme charitable; il cherchera une troisième, une quatrième conquête, s'il le faut, jusqu'à ce qu'elles lui aient accordé l'approvisionnement de descendants d'un savetier qui se respecte; quand il le possède, il rompt avec la période des jeux et des ris, en clôturant la brèche que les fugues de ses épouses collectives ont laissée dans les murailles de l'édifice.

Tout cela est déjà bien merveilleux; le travail d'incubation de ce père quasi microscopique, appartenant à l'ordre où l'indifférence... familiale est à son apogée, l'est bien plus encore : pendant près d'un mois, notre épinoche va rester suspendue au-dessus de l'ouverture de son nid; elle couve à sa façon, c'est-à-dire en agitant ses nageoires sans trêve, sans relâche, de façon à établir un va-et-vient d'eau courante nécessaire à l'éclosion des œufs; elle veille en même temps sur la solidité des remparts qui protègent son trésor; elle n'interrompt le mouvement continu de ses rames que pour consolider quelque brin d'herbe qui menace de se détacher, que pour ajouter au lest du bâtiment, défendant sa couvée avec une véritable furie contre toutes les épinoches, mâles ou femelles, qui tentent de s'en approcher.

Puis, après l'éclosion, l'incomparable père de famille, pendant une seconde période de quinze à vingt jours, maintiendra les embryons dans le berceau encore indispensable à leur faiblesse, allant chercher pour eux une nourriture qu'il leur distribue; enfin, quand il jugera l'heure venue de les laisser s'aventurer dans le lit de la rivière, il continuera de veiller sur eux, de les conduire, de les ramener au gîte, et ne croira son œuvre complète que lorsque leur taille leur permettra de se passer de ses soins.

Ce spectacle, on n'en jouit malheureusement pas aisément. Pour surprendre les secrets de la reproduction des épinoches, il faut se résigner à de longues stations, couché à plat ventre dans l'herbe et le nez au-dessus de la surface de l'eau; encore ne réussit-on pas toujours à pénétrer ces mystères par le menu, parce qu'ils ont bien rarement les bas-fonds transparents pour théâtre. Nous avons conservé des épinoches deux ans dans un aquarium assez vaste; non seulement il n'y a pas eu de tentatives de nidification, mais les femelles, très visiblement chargées d'œufs, ne les ont pas répandus, ou plutôt les ont mangés à mesure qu'elles les laissaient tomber. L'instinct reproducteur s'accusait, au contraire, dans une certaine mesure, chez les mâles; pendant la période du frai, les plus forts se cantonnaient dans un coin de leur prison, et livraient à ceux de leurs semblables qui osaient s'y aventurer des combats qui, plusieurs fois, ont fini par la mort de l'un des deux champions.

XXVI

LE SANGLIER.

De tous nos animaux européens, le sanglier est celui dont la poursuite présente le plus d'attrait. La chasse du cerf a un caractère grandiose, qui, dans certains esprits, doit lui assigner le premier rang; mais c'est en raison de ce même caractère et de l'attirail qu'elle nécessite qu'elle n'est pas du goût de tout le monde.

La chasse du loup, il est bien entendu que c'est des vieux loups que j'entends parler, se complique de difficultés si grandes, qu'elle reste dans les attributions de quelques équipages d'élite.

La chasse du sanglier, au contraire, est à la portée de tout le monde, et il n'en est pas qui puisse passionner le chasseur à un égal degré, parce qu'il n'en est pas non plus qui lui réserve d'aussi multiples et d'aussi vives émotions.

On s'abuserait étrangement en jugeant de la résistance qu'un sanglier peut fournir à la poursuite d'une meute, d'après la mollesse et le peu de vigueur de son arrière-cousin, l'hôte dégénéré de no basses-cours.

Moins rapide que le cerf, mais plus robuste, le sanglier marche avec une vitesse que l'on serait loin d'attendre d'un animal aussi massif; dans sa fuite, rien ne l'arrête et rien ne le dérange; il fait sa trouée dans les fourrés les plus épais, dans les haies les plus épineuses, les plus solidement entrelacées; il dédaigne de se jeter de côté pou éviter les gaulis; il les courbe, s'il ne les brise pas, et va ainsi, d'un train égal et soutenu, pendant des journées entières.

Il n'est pas rare, dans les fastes de la vénerie, qu'un ragot, qu'un sanglier à son tiers an, ait fourni un courre de huit à dix heures devant des chiens de vitesse moyenne.

Devant un équipage ainsi composé, s'il s'arrête, c'est encore plus par ennui que par fatigue. Ces abois qui retentissent derrière lui lui sont devenus insupportables; il est décidé à livrer bataille pour se débarrasser de cette nuée de criards importuns, ou tout au moins pour les châtier.

Cette confiance dans sa force est si absolue chez un vieux sanglier, un solitaire, qu'il dédaigne souvent de quitter sa bauge, même devant une vingtaine de chiens d'attaque; les sons de la trompe, les coups de fusil sont nécessaires pour le décider à marcher, et encore n'ira-t-il jamais loin sans s'arrêter, sans livrer un de ces combats dont on n'oublie jamais les péripéties quand on a eu la chance d'y assister.

Heureusement pour les chiens, qui payent très souvent de leur vie la gloire dont, en pareille occasion, ils se couvrent, les grands sangliers sont assez rares.

Marcassin et bête rousse, il lui a fallu compter avec les loups; plus tard, l'affût et les pièges en ont détruit des quantités beaucoup plus importantes qu'on ne suppose, en dehors des chasses régulières.

Cependant, si considérable que soit, chez ces animaux, le nombre des perdants à la loterie de la vie, il se trouve quelques privilégiés pour amener le quine, c'est-à-dire pour conquérir le beau titre de solitaire, et cela suffit pour que nous nous trouvions autorisé à ébaucher le portrait de celui qui le porte.

Une petite-maîtresse se déciderait difficilement à le trouver joli, mais jamais chasseur ne lui marchandera le qualificatif autrement flatteur de superbe. Vivant, il excite, chez tous ceux qui ont la bonne fortune de le contempler, un petit mouvement nerveux que j'attribuerai, poliment, à la surprise; mort, il conserve le privilège d'impressionner les plus braves.

Si nous en exceptons les grands pachydermes tropicaux, je ne crois pas qu'aucun être résume dans son ensemble une plus saisissante expression de la force brutale.

L'excessif développement de la partie antérieure de cette masse

fait rêver à ces puissants engins que l'art militaire ancien utilisait pour pulvériser les remparts des forteresses. Hérissé, souvent fangeux, l'œil sanglant, farouche même dans son repos, son inculte sauvagerie n'est pas dénuée d'une certaine majesté.

Il représente à merveille le génie familier de ces solitudes, le roi des bas-fonds épineux, des massifs abrupts de la forêt.

Il y règne effectivement, sans conteste, respecté par les carnassiers de ces demeures, redouté des grands et des petits fauves, même des bêtes de sa race, des laies surtout, qui le soupçonnent, à tort, je l'espère, d'être enclin à s'approprier les façons de Saturne, d'être capable, comme ce dieu dénaturé, de dîner non pas avec, mais de sa progéniture, plus ou moins authentique.

Sa royauté est morose et chagrine, comme celle de tous les vieux tyrans, égoïste surtout.

Il ne souffre rien de ce qui pourrait apporter le moindre trouble dans ses triples jouissances des mangeures, du souil et de la bauge, de la réfection, du bain et du sommeil, et il faut que les siens se le tiennent pour dit.

Quant aux petits désagréments que le mandataire du destin, l'homme, peut réserver aux ci-devant frères et amis, il n'en a cure; ce n'est pas lui qui apporterait quelque bonne grâce à se prêter à un change.

Maintenant, voyons-le mourir.

Le grand vieux sanglier, livrant ses traces à tous les chemins, a été un beau matin rembuché et mis debout par les procédés que vous savez.

En dépit de son âge, de sa corpulence, il semble d'abord avoir retrouvé, dans ce moment critique, l'ancienne vigueur de ses jarrets d'acier.

Il ne court pas, il roule, marchant à un trot égal et soutenu qu'un cheval a quelque peine à suivre.

Il va bien, mais il n'ira pas très longtemps, car l'haleine ne tardera pas à lui manquer, et d'ailleurs son tempérament batailleur ne s'accommode pas de cette fuite.

Il s'arrête bientôt, choisissant avec sagacité un terrain favorable

à sa défense, où il puisse difficilement être tourné, où ses ennemis soient contraints à l'aborder de front.

Deux fois, trois fois, les fermes se renouvellent; mais, les chasseurs serrant la meute de très près, il est bien probable que celui que le sanglier va tenter deviendra définitif.

Cette fois, il s'est acculé à un rocher; c'est là qu'il attend la meute.

Elle arrive comme une avalanche hurlante; elle l'entoure.

Les soies hérissées du solitaire doublent le volume de son corps, elles donnent un caractère léonin à cette physionomie un peu triviale; ses petits yeux, flamboyants comme deux braises incandescentes, se détachent de la masse poilue au milieu de laquelle ils sont enfouis; de sa gueule sanglante s'échappe un souffle rauque auquel se mêle, par intervalles, le bruissement de ses mâchoires qui s'entrechoquent; tantôt, immobile, il semble défier ses ennemis; tantôt il piétine dans un cercle étroit avec une agilité indicible; tantôt enfin, las d'attendre, il s'élance, charge à droite, charge à gauche, ayant un coup de boutoir pour tous les coups de dent, refoulant les masses d'assaillants, les couchant les uns sur les autres, le ventre ouvert, les entrailles traînantes, se débarrassant par de formidables secousses des plus vaillants qui sont pendus à ses écoutes, ne se laissant pas plus décourager par la multiplicité des attaques que par le nombre de ses ennemis.

Il est tellement enivré de sa fureur meurtrière, qu'il ne recule plus, même lorsque l'homme est devant lui, lorsque l'œil béant de la carabine, qui va vomir la mort, croise son regard toujours menaçant.

La détonation retentit : il tombe aussi intrépidement qu'il a combattu; un frisson suprême agite ses membres, son corps se raidit dans la dernière convulsion, et, tandis que la horde aboyante se rue sur le cadavre, les hallalis triomphants annoncent à la forêt qu'elle est veuve de son vieil hôte, que le solitaire a vécu.

XXVII

LE PREMIER LAPIN.

J'ai raconté jadis l'histoire de mon premier fusil et de mon premier lièvre; ces récits ont un côté fâcheux que je ne saurais me dissimuler. Cette mise en scène permanente de celui qui les écrit peut permettre de lui supposer cette conviction que les menus accidents de son existence doivent avoir leur intérêt.

N'ayant jamais, que je sache, péché par présomption, je tiens à affirmer que cette pensée n'a point traversé ma cervelle; si j'use, si j'abuse du *moi*, c'est uniquement parce que je crois que les impressions personnellement subies sont toujours celles que l'on décrit le moins imparfaitement, et aussi parce qu'un sourire me venant souvent aux lèvres quand j'évoque ces réminiscences de ma vocation cynégétique, je m'imagine que je parviendrai à le faire passer sur les vôtres.

Je commence donc après ce préambule.

Ce premier lapin date de loin. Permettez-moi cependant de vous taire le nom du monarque sous le règne duquel il passa de vie à trépas; je ne veux pas fournir à mes cheveux poivre et sel une occasion d'humilier les têtes chenues ou déjà blanches de mes contemporains. Il suffira, d'ailleurs, au pittoresque de l'aventure de vous dire que j'avais environ dix ans lorsqu'elle se passa; ce fut pendant les vacances de ma seconde année de collège.

J'étais alors ce que l'argot pédagogique appelle un élève « dissipé »; très hérissé au physique, cravaté et chaussé à la diable, déployant toutes les fécondités de l'imagination dans les variantes fantaisistes que je faisais subir à mes uniformes, tantôt en argentant les boutons de cuivre à l'aide du mercure emprunté à un éclat de glace, tantôt en découpant en dents de scie le haut collet de l'habit, d'autres fois en agrémentant cet habit et même le vêtement inférieur de nombreux crevés qui leur donnaient un parfum du seizième siècle des plus réussis, innovations que l'on aurait pu considérer comme des aptitudes devant me conduire tout droit au ministère de la guerre.

Elles n'avaient malheureusement d'autre résultat que de faire de moi l'élève le plus mal peigné de la division et de fournir un large appoint au butin de pensums, de retenues et de pain sec que je rapportais de la classe, où ma tenue, quelquefois mon travail, laissaient également quelque peu à désirer.

A la distance où je suis de ce bilan de mes mérites d'écolier, il m'est permis de plaider les circonstances atténuantes.

La première partie de mon enfance s'était entièrement passée à la campagne, où mes pauvres parents n'avaient guère témoigné d'autre souci que celui de me voir pousser à souhait : courant les champs, les bois, du matin au soir, en compagnie d'une demi-douzaine de polissons, dont je parlerai tout à l'heure et avec lesquels j'entretenais un actif commerce d'amitié.

Quelquefois battu, plus souvent battant, rentrant de temps en temps contusionné, meurtri de mes chutes, légèrement déguenillé, attrapant autant de torgnoles que d'accrocs à mes pantalons, je comblais néanmoins les vœux paternels et maternels, en affirmant une énergique vitalité dans toutes ces épreuves; en revanche, il faut bien le reconnaître, cette existence de petit sauvage, l'indépendance relative dont je jouissais, étaient une préparation insuffisante à la discipline, à la régularité presque austère du lycée.

On doit juger, d'après ces antécédents, si, après avoir compté les mois, puis les jours, puis les heures, j'exécutais une sarabande au septième ciel lorsque les vacances me ramenaient au petit manoir paternel, théâtre de mes joies si amèrement regrettées pendant dix mois.

Le lendemain de mon arrivée, sur le midi, on voyait poindre, à la grille qui terminait l'allée droite par laquelle on arrivait à la maison, une sorte de géant suivi d'un petit peloton de six garçons, dont le plus grand lui arrivait déjà à l'épaule, tandis que le plus petit ne lui montait guère au-dessus du genou; tous les six lui emboîtaient le pas en file et par rang de taille; une manière de buffet d'orgue dont le géant représentait le gros tuyau.

Ce géant était le nommé Gouillé, ancien cuirassier de la garde impériale, maintenant sabotier de profession, un peu braconnier à ses moments perdus, et mon père nourricier par-dessus le marché. Les moyens et petits étaient ses garçons, mes frères de lait, par conséquent, et les compagnons dont je vous parlais plus haut.

La mère, ma nourrice, une brave et digne femme, était morte deux ou trois ans après la naissance du dernier, et, privés de ses soins et de sa surveillance, ils étaient devenus d'assez jolis types du petit garnement de village.

C'était à eux cependant que je devais le plus clair de mes connaissances, comme d'aller cueillir un nid de pie dans la cime d'un peuplier, de faire le chien droit au haut d'un chêne, de tresser un panier avec du jonc, de barboter dans les ruisseaux à la recherche des écrevisses, de croquer les pommes vertes, de faire cuire, dans un four creusé dans le revers d'un fossé, ceux de ces fruits qui avaient le mauvais goût d'être mûrs, de cavalcader sur les ânes, au besoin sur les vaches, et je ne sais plus combien d'autres divertissements agréables, car c'était une véritable encyclopédie en six tomes que mes six professeurs.

Malheureusement, l'âge était venu pour les quatre aînés, et, bon gré mal gré, le père Gouillé les avait recrutés pour sa saboterie; ce n'était plus que le dimanche qu'il m'était donné de m'entourer de mes six estafiers, ni plus ni moins qu'un baron breton de quatre baronnies, et d'entreprendre avec eux quelque campagne en règle qui rappelât le bon temps; pendant la semaine, j'étais réduit aux deux cadets, qui, il est vrai, étaient ceux que je préférais : le Sandrin, parce qu'il était mon véritable frère de lait et que nous étions à peu près du même âge; le plus petit, Henriot, parce que j'avais été son parrain.

Lorsque la colonne était arrivée devant le perron où nous l'attendions, elle se déployait par un à-gauche, mais chacun conservant son rang; le père Gouillé s'avançait, pliait en deux son immense échine et m'embrassait bruyamment sur les deux joues; après lui, l'aîné me donnait à son tour l'accolade; puis les lèvres des divers tuyaux de l'orgue s'appliquaient tour à tour sur mes joues, qui rougissaient sous ces successives démonstrations de tendresse. Arrivé au Sandrin, je lui glissais dans la main un louis dont ma mère avait eu soin de me munir; mais au moment où il quittait son rang pour aller porter religieusement mon petit présent à l'ancien cuirassier, un léger clignement de la paupière, toujours compris, lui avait dit : « A tout à l'heure. »

Effectivement, quand, à l'issue de la cérémonie officielle, je m'étais hâté de gagner le haut du parc, j'apercevais le Sandrin et Henriot, stricts observateurs de la consigne, derrière la barrière, que je me hâtais de leur ouvrir, et nous entamions immédiatement la bonne partie qui devait se poursuivre pendant deux mois, et dont les arbres fruitiers, les bêtes, et quelquefois même les gens, n'étaient pas sans avoir à souffrir.

Cependant, les passe-temps que me ménageaient mes deux acolytes commençaient à ne plus me suffire. Mon père, chasseur un peu plus que passionné, sortait tous les jours, et la contemplation du gibier qu'au retour le garde étalait sur la table de la cuisine commençait à parler à... ma foi! disons-le, à mon cœur!

L'idée de prendre ma part de ces exploits n'avait pas encore traversé ma petite cervelle, mais j'aurais voulu du moins en être le témoin; malheureusement, mes instances, que je renouvelais tous les matins, trouvaient l'auteur de mes jours inflexible.

Quand il se mettait en campagne, après le déjeuner, je l'accompagnais toujours jusqu'à la petite porte du parc dont j'ai parlé, et qui s'ouvrait sur les champs; quelquefois il poussait la tolérance jusqu'à la colline qui domine le grand étang; mais, arrivé là, il s'arrêtait,

m'embrassait, et, me montrant les deux gamins, le Sandrin et Henriot, en ce moment dédaignés, qui nous suivaient à distance comme deux chiens battus, il m'engageait à les aller rejoindre en me déclarant que j'avais encore les jambes beaucoup trop courtes pour le suivre.

Et alors, ni mes bouderies, ni mes instances, ni mes larmes, — je crois bien avoir été jusqu'aux larmes, — ne parvenaient à vaincre cette résistance; je la qualifiais, *in petto*, d'abominable injustice : elle n'était que l'égoïsme raisonné du chasseur qui ne veut pas gâter sa journée en s'embarrassant d'un enfant.

Mais cet enfant était pourvu, comme tous les autres, de ces instincts diplomatiques qui caractérisent l'âge tendre. Il comprit fort judicieusement qu'il ne pouvait réussir qu'en intéressant à sa cause un avocat plus persuasif que lui.

Ce fut à ma mère que s'adressèrent mes supplications : je me montrai si câlin, si prodigue de promesses d'une sagesse à toute épreuve, j'opposai des réponses si décisives à toutes ses objections, que je réussis enfin à la gagner à ma cause; elle obtint de mon père qu'un jour où le garde aurait à aller en ville, je serais investi de l'emploi si ambitionné de porte-carnier.

Le jour vint bientôt où mes épaules firent, pour la première fois, connaissance avec la carnassière; elle me montait au-dessus des coudes et ses franges me descendaient au-dessous des talons; mais, bien qu'elle me gênât un peu dans ma marche, au début tout alla comme sur des roulettes.

Je trottais si lestement, que j'arrivais à me maintenir à la hauteur de mon chasseur, et je déployais, pour franchir les échaliers, une agilité qui me mérita ses compliments.

Je témoignai même d'un feu sacré qui parut flatter son orgueil paternel : à la première perdrix qui tomba, jetant chapeau et carnassière pour courir plus vite, je parvins à ramasser la victime avant le grand braque marron et blanc de mon père, et je la rapportai triomphalement, en l'élevant aussi haut que me le permettaient mes petits bras pour la soustraire aux convoitises de Morphée, révolté de cette usurpation de ses fonctions. J'étais dans l'enthousiasme, car, chose rare, les réalités distançaient de beaucoup les joies entrevues par mon imagination.

Cependant, après deux heures de marche, je commençais à m'apercevoir que ce sac, qui, dans l'intervalle, s'était gonflé de quatre autres perdrix, me tirait furieusement sur les épaules. Je n'avais garde de l'avouer. Dans la disposition d'esprit où je me trouvais, on m'eût posé l'Atlas sur l'échine que je l'aurais qualifié de gibier plume; mais mon allure avait perdu de son impétuosité, mon chasseur était réduit à m'attendre quelquefois et à me stimuler à chaque instant.

En traversant une bruyère, mon père blessa un levraut qui avait commis l'imprudence de lui débouler entre les jambes. Cette fois, je ne fis pas concurrence à Morphée, qui dut lui-même arpenter vigoureusement le terrain pour arriver à saisir son ennemi.

Lors, mon père, tenant le lièvre par les quatre pattes, me dit :

« Tu dois être exténué, mon pauvre enfant : allons, donne-moi la carnassière, avec ce supplément elle serait beaucoup trop lourde pour toi. »

Je me récriai avec indignation.

La perspective de réunir le poil à la plume dans le filet avait ranimé mes ardeurs vacillantes; à m'entendre, je n'éprouvais pas la moindre fatigue; mon père eut beau me promettre de me rendre le carnier pour rentrer à la maison, je me refusai énergiquement à cette transaction, que je jugeais compromettante pour ma dignité; prenant le levraut des mains paternelles, je l'engouffrai avec les perdrix; mon père me laissa faire en souriant, pensant probablement que plus la leçon serait rude, moins je songerais à l'avenir à lui imposer la petite corvée de ma compagnie.

Je m'applaudissais de la fermeté dont j'avais fait preuve, mais cela ne m'empêcha pas, après une nouvelle demi-heure de marche et l'escalade d'une autre douzaine d'échaliers, de maudire le fardeau, qui me paraissait décidément insupportable, et de commencer à traîner la jambe.

Ce n'était point le gibier que j'accusais de ma détresse, il était trop charmant pour être bien lourd; mais la poche intérieure contenait deux sacs à plomb, un gros et un petit, auxquels j'attribuai, exclusivement, l'écrasement de mes épaules; ma fatigue s'accentuant de plus en plus, je me décidai à me délester comme un navire en péril, et ce fut sur le plus gros sac que se porta mon choix, d'abord parce qu'il était celui qui devait le mieux réussir à m'alléger, ensuite parce que, le petit me semblant contenir bien assez de plomb pour les be-

soins de la journée, j'avais des chances pour que mon père ne s'aperçût pas de la disparition de l'autre.

La détermination fut exécutée aussitôt que prise : je laissai glisser le sac dans une cépée, et, forçant le pas, je parvins à me remettre sur les talons de mon chasseur.

Quelque temps après, une compagnie de perdrix rouges se leva d'assez loin dans un guéret, mon père lui envoya ses deux coups inutilement, puis suivit leur vol avec attention, et, se retournant vers moi, tout en faisant tomber la poudre dans les deux canons vides, il me dit :

« Allons, petit, dépêche-toi de me donner du plomb, la compagnie est remisée dans le grand trèfle de la Grève; elles vont tenir et nous allons nous amuser. »

Et comme, ayant fouillé dans la poche, je lui présentais le petit sac à plomb, il reprit :

« Ce n'est pas celui-là, mon enfant; celui-là, c'est du n° 4; on ne tire pas des perdrix avec du 4; un autre sac jaune, il est tout plein; mais tu ne le trouves donc pas? »

En même temps, avec une légère impatience, il plongea lui-même la main dans le carnier, le scruta dans tous ses recoins, puis devint légèrement pâle.

« Tu as perdu mon sac à plomb, me dit-il avec douceur : voyons, te rappelles-tu l'endroit? Est-ce à l'étang des Plinvaux, où j'ai chargé mon fusil la dernière fois? »

J'étais resté muet, consterné, le bras tendu, offrant toujours à l'auteur de mes jours le petit sac qui, dans ma conviction, devait si bien suppléer à l'absence de l'autre, mais sans confesser la combinaison machiavélique qui m'avait amené à jeter nos munitions à la mer.

Mon père repoussa légèrement ma main, détacha la carnassière de mes épaules, y exécuta une fouille approfondie, et, quand il en eut reconnu l'inutilité, il murmura à demi-voix un petit juron qui lui était familier :

« Sac à papier! s'écria-t-il, voilà notre journée faite et parfaite. »

Il avait sans doute réfléchi qu'il perdrait ses peines en les consacrant à la recherche d'un objet perdu sur un parcours de deux à trois lieues, et héroïquement pris son parti d'abandonner la revanche qu'il avait à prendre sur la compagnie de perdrix. Il jeta un dernier regard dans la direction qu'elles avaient prise, siffla Morphée, qui déjà s'était sournoisement avancé de ce côté, passa la carnassière sur son dos, et, me donnant la main, il reprit avec moi le chemin de la maison sans m'adresser un reproche. Seulement, quand nous rencontrâmes ma mère, qui, nous ayant aperçus, était venue au-devant de nous, il lui dit avec un de ces soupirs douloureux qui trahissent la perte d'une espérance longtemps caressée :

« Ma chère, il faut en prendre votre parti, votre fils ne sera jamais un chasseur !

— Que Dieu vous entende ! » murmura ma mère avec un accent non moins pénétré.

C'était, en vérité, un excellent ménage que celui de mes dignes parents ; mais, bien qu'elle n'eût jamais sérieusement altéré leur union, cette diable de chasse y jouait un peu le rôle de ces vapeurs qui, sans intercepter la lumière du soleil, en altèrent singulièrement le rayonnement.

Mon père avait cette naïveté qui caractérise les convictions robustes et sincères ; c'était dans son âme et conscience qu'il croyait qu'il n'existait pas dans ce monde d'affaires plus sérieuses, plus importantes qu'un bel arrêt de son chien Morphée, ou encore quelque doublé convenablement réussi.

Il lui paraissait aussi naturel de consacrer toutes ses journées à courir les champs que de se mettre à table pour déjeuner ou pour dîner. Enfin, qui lui eût révélé que le récit des prouesses de la journée, agrémenté de tout ce que sa mémoire pouvait lui fournir de souvenirs cynégétiques analogues, ne représentait pas, de toutes les conversations, la plus attrayante pour une femme, l'eût prodigieusement étonné.

Ma mère avait été trop chrétiennement élevée pour ne pas accepter les goûts de celui que le ciel lui assignait pour compagnon ; elle portait vaillamment les heures de la solitude, si répétées qu'elles fussent ; elle subissait sans sourciller les narrations épiques de son mari ; elle avait la grandeur d'âme de ne jamais s'apercevoir de leurs répétitions fréquentes ; elle avait enfin réussi à savoir sourire et même s'enthousiasmer aux bons endroits, si bien que mon père était fermement persuadé qu'il était parvenu à la prendre en croupe sur son dada.

C'était dans les détails, par les corollaires, que cette résignation conjugale faiblissait par intervalles, par exemple, quand elle trouvait devant la cheminée un des trois ou quatre chiens privilégiés auxquels son mari accordait libéralement l'entrée du salon, et qu'elle pouvait cribler de coups de pied sans en obtenir l'autorisation de se chauffer à son tour.

Quand le chasseur rentrait mouillé jusqu'aux os, transi, glacé, et qu'elle s'évertuait par ses soins, la sainte femme, à écarter l'éventualité d'une fluxion de poitrine; ou bien encore lorsque le récit de quelque accident de chasse avait avivé les transes perpétuelles dans lesquelles elle vivait, alors, naturellement, la réaction était violente : elle maudissait la chasse, les chasseurs et tout ce qui en dérive; elle gémissait sur la destinée qui lui avait été faite, attestait le ciel que sa vie n'aurait été qu'un long martyre, etc... Mais comme ces récriminations révolutionnaires se traduisaient ordinairement *in petto*, comme la révoltée avait toujours très soigneusement essuyé ses larmes lorsque reparaissait l'enragé Nemrod, toujours heureux du bon emploi de sa journée, celui-ci ne cessait pas d'être convaincu que sa femme avait pris une part considérable à ses joies.

On comprendra, d'après ces prémisses, pourquoi mon père avait apporté une mélancolie nuancée d'amertume à constater que la vocation de la chasse devait me manquer.

L'idée que son unique rejeton serait incapable de poursuivre des traditions de famille qu'il avait si religieusement continuées lui-même devait prendre pour lui les proportions d'un chagrin.

Si contenue qu'en eût été l'explosion, la satisfaction de ma mère n'était pas moins sincère; elle avait éprouvé un soulagement indicible à la perspective de n'avoir pas à trembler pour le fils après avoir tremblé pour le mari, à l'espoir que je me choisirais des distractions plus calmes, plus casanières et moins émaillées de chiens, de fusils, etc. Pauvre mère bien-aimée! quel réveil a suivi ce rêve consolateur!

Après l'arrêt qu'il venait de rendre, mon père, grave, soucieux, était rentré dans sa chambre. La porte s'était à peine refermée, que j'éclatai en sanglots et me précipitai dans les bras que me tendait la chère femme, en donnant tous les signes du plus navrant désespoir.

Ma mère épouvantée me pressait de questions; suffoqué par mes larmes, je fus longtemps sans y répondre, et ce fut en paroles entre-

coupées que je lui racontai ce qui s'était passé, en excusant ma faute par le poids démesuré dont j'avais été chargé; en revanche, ce fut avec toute la vivacité, toute l'énergie dont j'étais susceptible, que je protestai contre les conséquences que mon père entendait tirer de mon peu de vaillance, et que je pris le ciel à témoin que je serais un chasseur, que je ne voulais être qu'un chasseur.

Le sommeil me surprit rêvant des voies et moyens, comme dit le style administratif.

Bien entendu, je n'avais pas songé à faire concurrence à l'auteur de mes jours et à entasser, comme lui, les perdrix sur les lièvres et les lapins sur les bécasses; mais j'avais conclu qu'il me suffirait de rapporter triomphalement une pièce de gibier, conquise à moi tout seul, pour clore la bouche aux médisants et établir victorieusement la vocation qu'on me refusait.

Le matin, quand je fus réveillé, ma première pensée fut pour ma résolution de la veille, ce qui indique qu'elle était en train de passer à l'état d'idée fixe.

Un chien, je l'avais déjà : Morphée me prêterait sa collaboration; mes auxiliaires, je les avais sous la main; mais il me manquait le levier pour soulever la montagne, le fusil faute duquel toutes mes belles imaginations devaient rester à l'état de lettre morte.

Je passai mentalement la revue des armes dont je disposais et de celles que je pouvais me procurer. Les premières consistaient en un canon de cuivre, d'assez gros format; mais comme je le faisais partir en plaçant un charbon incandescent sur sa lumière, je pressentis judicieusement qu'une promenade avec ce canon dans une main et une pincette dans l'autre ne serait pas pratique.

Le champ qui ne m'appartenait pas était moins circonscrit. Il y avait d'abord les trois fusils doubles de mon père, et un grand diable de fusil à un coup, destiné à devenir la récompense de ma sagesse lorsque j'aurais fait ma première communion; mais le tout était enfermé dans une armoire vitrée, dont la clef ne quittait pas le cordon de montre de son propriétaire.

L'intervention de ma mère eût été elle-même inefficace; d'ailleurs, je devais bien me garder d'éveiller ses soupçons, si je ne voulais pas voir avorter mon projet.

J'allai flâner à la ferme, et je guignai du coin de l'œil le fusil du garde, une vieille escopette, toute noire de fumée, mais qui n'en démolissait pas moins très bien un perdreau, et qui attendait suspendue au-dessus de la cheminée; malheureusement, lorsque, sous prétexte de faire l'exercice, je demandai à Hoyau de me le prêter, il me répondit que ce n'était pas là un joujou pour un petit garçon.

Venant de réfléchir que le garde, accompagnant toujours mon père, ne manquerait pas de s'apercevoir de la disparition de son arme, je n'insistai pas davantage et je renonçai à obtenir par la ruse ce qu'il refusait à mes instances; je dois avouer humblement que, stimulé par l'exemple des jeunes Lacédémoniens, dont le collège me faisait faire la connaissance, et chez lesquels la soustraction, — rien de l'arithmétique, — figurait à titre d'études, j'avais un moment songé à ce moyen, que nos préjugés condamnent, pour me procurer l'objet de mes désirs.

Battu de ce côté, je montai en soupirant au grenier, où, bravant la poussière et les toiles d'araignée, j'exécutai une perquisition minutieuse.

Mes fouilles eurent un éclatant succès; je finis par découvrir dans un vieux coffre, derrière un amoncellement de meubles brisés, un antique pistolet, dont la possession me transporta au septième ciel.

C'était une arme à monture ciselée, qui datait du siècle précédent; elle était à pierre, bien entendu, et encore la pierre était-elle absente, mais c'était un détail qui ne m'inquiétait guère.

Je brandis mon pistolet avec enthousiasme, je l'armai péniblement, et le braquant sur une grosse poutre, dans laquelle mon imagination se complaisait à voir un grouillement de gibier, j'essayai de faire jouer la gâchette, qui résista; mais c'était encore là une question, à mon avis très secondaire, que la possession de la pièce principale de mon armement me donnait le droit de dédaigner.

Je le cachai entre la toiture et un de ses chevrons, et je descendis m'occuper des munitions.

La poudre, ce fut de mon père que je l'obtins, sous prétexte de m'exercer au tir du canon; il en versa dans une petite boîte, en me faisant remarquer que j'en avais pour dix coups au moins, et en me recommandant une prudence que je n'hésitai pas à lui garantir.

Le plomb m'embarrassait davantage, je ne me souciais pas trop de prononcer ce mot qui allait réveiller les souvenirs de la veille, et puis je ne trouvais pas de prétexte pour légitimer ma requête. Une

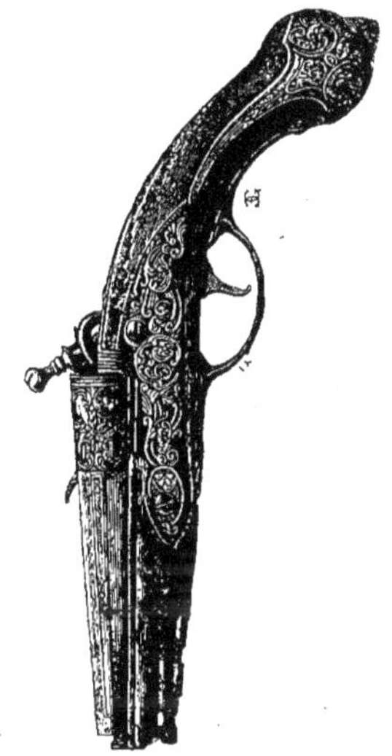

pensée soudaine, en traversant mon cerveau, me tira de cette cruelle perplexité.

Je venais de me rappeler que Louis, le domestique, en avait, de très gros même, pour rincer les bouteilles; qu'il le plaçait dans une petite sébile qui restait sur une planche, dans l'escalier de la cave : je décidai que ce serait cette sébile qui me fournirait mes projectiles.

Après le déjeuner, j'allai retrouver mes complices; ils m'attendaient à l'endroit ordinaire de nos rendez-vous, Henriot en croquant des pommes vertes qu'il venait de ramasser dans le verger, et le Sandrin en travaillant à un petit chariot en jonc qui m'était destiné.

Lorsqu'il m'aperçut, celui-ci vint au-devant de moi pour m'annoncer que, le meunier de la Galaisière ayant fermé ses vannes, le ruisseau était presque à sec; qu'il connaissait de bons trous d'écrevisses, et que, si je voulais, nous en aurions bientôt ramassé un plein panier.

J'écoutai d'un air passablement dédaigneux cette proposition d'un barbotage qui, en d'autres temps, m'eût comblé d'aise, et je lui répondis avec une moue significative :

« C'est toujours la même chose, tes écrevisses, et puis ça pince trop, sans compter que l'on peut rencontrer des rats qui vous mordent. Non, je veux aller à la chasse, et je vous emmène tous les deux.

— A la chasse? répéta le Sandrin en ouvrant des yeux ébahis.

— Qu'est-ce que tu dis de cela, toi? »

En même temps je tirais mon vieux pistolet de dessous ma veste où je le tenais caché. Sandrin allait d'étonnement en étonnement, tandis que Henriot, qui était une petite incarnation de la prudence, ramassait précipitamment ses pommes et s'écartait de quelques pas.

« Oui, qu'est-ce que tu dis de cela, toi? continuai-je. Crois-tu qu'on peut tuer avec ça des perdrix et des lièvres? Ne vois-tu pas que ça sera bien plus amusant que tes bêtes d'écrevisses qu'il faut aller chercher au fond d'un trou? J'y ai été hier à la chasse, tu le sais bien; c'est là que nous en avons tué du gibier, et si tu savais quelle bonne journée j'ai passée, tu ne me parlerais seulement pas de ton ruisseau. »

Le Sandrin, qui avait pour principe d'être toujours de mon avis, ne hasarda pas une objection; il examinait le pistolet avec l'attention d'un connaisseur, soufflait dans le canon, s'assurait que la lumière n'était pas bouchée, essayait de faire jouer la détente.

« C'est un fameux *pistoudret* tout de même, dit-il après un instant, bien qu'il soit un brin rouillé; seulement il manque la pierre à fusil.

— Des pierres! avec ça, que nous n'en trouverons point sur les tas de cailloux, répliquai-je avec une présomptueuse suffisance. »

— Oh! il faut des pierres exprès; heureusement que papa Gouillé en a toujours deux ou trois dans son sac, je lui en prendrai une demain matin. »

Je me récriai à cette proposition qui ajournait de vingt-quatre heures l'expédition que je brûlais d'entreprendre; mais le Sandrin finit par me faire comprendre que ce retard était nécessaire pour mettre notre arme en état de servir. Je finis par me rendre à ses raisons; j'allai chercher de l'huile à l'office, et la journée se passa à frotter les canons, à introduire cette huile dans toutes les fissures de la batterie avec une prodigalité qui eut pour résultat de donner à ma veste la physionomie d'un vêtement d'allumeur de réverbères.

Il est vrai qu'en réunissant nos doigts et nos efforts, le Sandrin et moi, nous parvenions à décider le chien à effectuer son évolution, et ce triomphe me rendit à peu près insensible à la mercuriale maternelle qui m'accueillit lorsque je rentrai aussi largement souillé d'huile que de rouille.

Je crois me souvenir que je dormis peu pendant la nuit qui précéda ce qui devait être mon véritable début dans la carrière; bien entendu, les hécatombes de gibier qu'immolait mon pistolet firent les frais de mes rêves; j'étais levé dès l'aube, et j'attendis l'heure du déjeuner avec une fébrile impatience. Je n'eus même pas la force de le terminer, et j'arrivai auprès de mes deux compagnons la bouche pleine.

« Et la pierre? as-tu la pierre? criai-je de loin à Sandrin.

— Oui, et une bonne! mais il y a la *munition*, à laquelle nous n'avons pas pensé. »

Je haussai les épaules, et j'étalai sur le gazon les deux boîtes de carton qui représentaient mon fourniment, plus une liasse de journaux, pour faire les bourres.

Nous ajustâmes la pierre à l'aide du couteau du Sandrin, faisant office de tourne-vis; en nous mettant tous les deux comme la veille, nous eûmes l'indicible satisfaction de voir jaillir des milliers d'étincelles au choc du silex sur l'acier. Je jetai un cri d'enthousiasme, le Sandrin exécuta une culbute, et Henriot, qui avait sa poche pleine de prunes, en mit une poignée dans sa bouche, ce qui était sa manière de témoigner qu'il n'était pas moins content que nous. Il ne s'agissait plus que de charger notre arme.

Nécessairement je ne voulus céder cet honneur à personne; je plaçai l'angle de ma boîte à poudre dans le canon, qui en eut bientôt absorbé le contenu.

« Tu en mets trop, mon Georges, me dit Sandrin, en essayant, trop tard, de relever ma main.

— Tu n'y connais rien; quand je te dis que j'ai été hier à la chasse; je sais bien comment on s'y prend peut-être, répondis-je, choqué de l'observation.

— Dame! tant plus ça pétera, tant mieux ça tuera, fit Henriot en mâchonnant ses prunes.

— Oui, mais il ne t'en restera plus pour le bassinet, et puis il faut de la place pour le plomb! »

Ces deux réflexions judicieuses me frappaient; je restituai un peu de poudre à la boîte, je fis un bouchon de papier que je bourrai de mon mieux; puis, me dédommageant sur le plomb, j'en emplis le canon jusqu'à la gueule; je plaçai une seconde bourre, fis glisser le reste de ma poudre dans le bassinet, et avec un accent plein d'orgueil je dis à mes compagnons :

« Hein? croyez-vous que voilà un fusil bien chargé? Dites donc que je ne m'y connais pas! Allons, dépêchons-nous de partir. »

En même temps, plaçant le pistolet sous mon bras, comme je l'avais vu faire à mon père de son fusil, je me dirigeai rapidement vers la petite barrière; mais au bout de dix pas je m'arrêtai avec un geste d'impatience.

« Nous oublions l'essentiel! m'écriai-je.

— Quoi donc?

— Une carnassière, pour rapporter notre gibier! »

L'oubli était d'autant moins excusable que, ce meuble, je le possédais, approprié, il est vrai, à ma taille, c'est-à-dire minuscule, mais néanmoins propre à combler cette lacune de la tradition.

Je donnai le pistolet à Sandrin avec force recommandations de ne point abuser de ma confiance, si quelque pièce de gibier venait à se présenter; je courus à la maison, et je revins bientôt avec le carnier, dont Henriot voulut se charger avec une insistance qui eût dû me mettre en méfiance.

Nécessairement, en bon général, j'avais combiné à l'avance mes opérations.

Le point capital m'avait paru de ne point nous en aller donner, tête baissée, dans l'autre corps d'armée auquel j'entendais faire concurrence et qui battait l'estrade en même temps que nous, c'est-à-dire mon père et son garde.

J'avais pour le redouter une foule de bonnes raisons, dont la meilleure était qu'une telle rencontre terminerait la campagne dès son début, ce qui n'eût point fait mes affaires.

Heureusement, le matin même, étant à l'écurie avec mon père, je l'avais entendu annoncer à plusieurs reprises à un charretier, qui garnissait ses chevaux pour aller au labour, qu'il chassait ce jour-là aux Corvées, c'est-à-dire sur la ferme la plus éloignée du château. Cette résolution, en me permettant de concentrer mes manœuvres dans les alentours, m'arrangeait triplement : c'était la partie la plus giboyeuse, j'avais moins de chemin à faire, et enfin j'étais parfaitement en sûreté.

J'entrai résolument dans le premier champ que nous rencontrâmes, et je disposai ma troupe selon toutes les règles de l'art. Le Sandrin devait tenir ma droite à quinze pas; Henriot, marcher à la même distance sur ma gauche; moi, me tenir au centre, le pistolet au poing, prêt à faire feu sur le premier objectif qui commettrait l'imprudence de se montrer.

Nous battîmes ainsi trois ou quatre de ces étroits champs du Perche, sans rien découvrir; mais je m'aperçus qu'un certain désarroi se manifestait dans mon ordre de bataille. Henriot s'était tout de suite écarté de la consigne en se rapprochant de la haie, et la cueillette effrénée de mûres et de prunelles à laquelle il se livrait le maintenait en arrière; comme j'éprouvais déjà un certain dépit de ce que la victoire se faisait tirer l'oreille, j'apportai à lui reprocher sa gourmandise une vivacité qui le décida à nous rallier.

Nous venions de franchir un échalier qui donnait accès dans un champ de trèfle, aux fleurs d'un rose violacé, qui, pour en être à sa troisième coupe, ne m'allait pas moins à mi-jambe, et nous avions repris notre ordre de bataille; nous y avions fait à peine une quarantaine de pas, qu'un bruit tumultueux me fit frissonner des pieds à la tête : une belle compagnie de perdrix venait de se lever littéralement sous mes pieds. Je fus quelques secondes en proie à une émotion qui paralysait mes facultés; pourtant, la pensée que l'occasion que j'avais appelée de tous mes vœux s'enfuyait à tire-d'aile finit par traverser mon cerveau en ébullition; j'étendis le bras en détournant la tête, et je tirai sur la détente avec une sorte de rage convulsive.

Hélas! soit qu'il cédât à un caprice, soit que mes forces fussent insuffisantes, le maudit pistolet se refusa à partir. Le fidèle Sandrin accourut pour me prêter main-forte; mais quand il arriva, les oiseaux étaient bien loin.

Je lui exposai une autre combinaison, qui consistait pour lui à se tenir à mes côtés, afin de me donner le concours grâce auquel nous étions parvenus à faire jouer ce chien obstiné; mon frère de lait secoua sa tête à la chevelure hérissée :

« Vois-tu, mon Georges, tu ne tueras pas de perdreaux qui volent avec ton pistoudret. Papa Gouillé, qui est un malin et qui a un fusil aussi long que nous deux, en nous mettant bout à bout, n'ose pas s'y risquer, parce qu'il dit que c'est de la poudre perdue. Je sais comment il s'y prend pour les affûter; viens vite; la compagnie est remise à trois champs d'ici; nous les guignerons à travers la haie; comme ils seront par terre, tu auras tout le temps de les aligner, sans compter que tu en tueras peut-être cinq à six d'un coup, ce qui est un fameux profit. »

J'étais absolument ignorant alors des règles du point d'honneur cynégétique, et ce guet-apens, qui me ferait horreur aujourd'hui, ne souleva en moi que de l'enthousiasme : j'aurais embrassé le Sandrin pour la bonne idée qu'il venait d'avoir.

Nous regagnâmes l'échalier en courant, nous prîmes à la même allure un chemin creux qui conduisait au champ où mon compagnon disait avoir vu les perdrix se remettre, lorsque tout à coup le Sandrin, qui marchait en avant, s'arrêta brusquement et me fit signe de garder le silence. En même temps il s'approcha de la haie, s'agenouilla et se mit à regarder avec attention dans le champ qu'elle entourait, et qui précédait précisément celui dans lequel devaient se trouver les perdrix.

« Qu'est-ce qu'il y a donc? lui demandai-je fort intrigué et en me mettant également à ses côtés.

— Il y a, me répondit-il, que nous arrivons trop tard; Jean Ledoux a vu passer les perdrix et il va les giboyer, faut voir. » En même temps d'un geste impérieux il ordonnait à Henriot, qui, fidèle à ses habitudes, continuait à dévaliser les ronces, de se coucher à côté de nous.

Jean Ledoux, c'était le charretier auquel mon père, ordinairement moins communicatif, avait annoncé le matin qu'il allait chasser aux Corvées.

« Mais il giboie donc, Jean Ledoux? demandai-je à mon petit camarade.

— Pardine! il ne fait que cela. C'est le messager de la Ferté qui lui prend son gibier; avant-hier encore, je l'ai vu lui porter un beau lièvre.

— Ah ! si mon père le savait! »

Le Sandrin posa de nouveau ses doigts sur ses lèvres, et écartant les branches et les épines, il parvint à nous ménager une meurtrière par laquelle nous pouvions voir ce qui se passait dans le champ.

La charrue et ses deux juments étaient là, mais immobiles; Jean Ledoux avait remplacé son fouet par un fusil que nous lui vîmes mettre en joue avec précaution ; puis, dissimulé derrière ses bêtes et tenant son coude gauche appuyé sur la croupe de l'une d'elles, le charretier visa longuement et pressa la détente de son arme. Un coup de feu retentit, et Ledoux se précipita dans le champ voisin. Il reparaissait tenant d'une main plusieurs perdrix, de l'autre son fusil; il glissa celui-ci dans un buisson, enveloppa ses victimes dans sa blouse, revint trouver ses chevaux, et reprit son travail comme si rien ne s'était passé.

J'étais pâle de colère; j'entendais tous les jours trop de malédictions à l'adresse des braconniers pour ne pas les exécrer du fond de l'âme; le cas de celui-là m'apparaissait d'autant plus monstrueux qu'il venait de faire évanouir la riante perspective évoquée par la combinaison du Sandrin.

« Attends un peu, dis-je à celui-ci : je vais lui parler, moi, à Jean Ledoux.

— Ne fais pas cela, mon Georges; il me battra, bien sûr, parce qu'il croira que c'est moi qui l'ai vendu. »

Mais j'étais trop animé pour me rendre aux prières de mon frère de lait; je hâtai le pas, et nous arrivâmes à la brèche, alors ouverte, du guéret, au moment même où la fin du sillon y amenait l'attelage et son conducteur.

« Ah! vous voilà en promenade par ici, monsieur Georges! me dit Jean Ledoux avec une placidité parfaite. Vous cherchez des noisettes?

— Non pas, Jean, je ne cherche pas de noisettes; je suis à la chasse, comme vous voyez. » Et en même temps je brandis mon pistolet.

« Monsieur est donc par ici? reprit le charretier, dont la voix s'était altérée.

— Non, lui répondis-je sèchement, je chasse seul avec le Sandrin et Henriot, et je voudrais bien avoir des nouvelles d'une compagnie de perdrix que nous avons levée dans les trois arpents de la Banlœuvre; est-ce que vous ne l'auriez pas vue passer par hasard? »

Jean Ledoux, un paysan d'une trentaine d'années, à la physionomie paterne et rusée tout à la fois, devint hésitant. Il commençait évidemment à soupçonner que son petit braconnage pouvait bien nous avoir eus pour témoins; mais, suivant son tempérament éminemment sournois, ce ne lui fut qu'un motif de plus pour nier avec tout ce qu'il possédait d'aplomb.

« Ah! vous voulez rire, mon petit Monsieur, répondit-il avec son accent mielleux et traînard; si je regardais en l'air en conduisant mes juments, je ferais de jolie besogne... ah! mais oui. Oh! que nenni, je n'ai pas vu vos perdrix; mais, puisque vous avez un beau pistolet, je puis bien vous faire tuer un lapin, et un crâne lapin, ça, je peux le dire. »

Pendant la première partie de la réponse de Jean Ledoux, je m'étais tenu à quatre pour ne pas courir à sa blouse et lui mettre les pièces de conviction sous le nez; mais sa péroraison fit évanouir instantanément ces dispositions hostiles.

Les instincts du chasseur l'emportèrent sur ceux du justicier. A cette idée de tuer un lapin, un lapin vivant, un vrai lapin, j'avais absolument perdu la tête, et ce fut avec un accent singulièrement radouci que je dis au charretier :

« Vraiment! un lapin, Jean? et où donc est-il, votre lapin? »

La joie qui illuminait ma physionomie ne pouvait échapper à ce fin matois; il comprit que sa proposition avait produit un effet qui dépassait ses espérances, et qu'en s'exécutant il avait des chances pour que je gardasse le silence, dans le cas où je l'aurais vu tirer les perdreaux.

« Ah! dame! il est où sont ordinairement les lapins, dans les bois; en allant couper une hart pour rattacher mon mancheron qui s'est cassé, je l'ai vu au gîte dans une cépée.

— Mais y sera-t-il encore, Jean? m'écriai-je en l'interrompant.

— Oh! dit-il, à moins qu'il ne soit venu quelque tendeur de bricole qui l'ait dégîté, il est toujours à la même place, et il n'en vient guère des tendeurs de bricole dans nos bois, car il ne plaisante pas tous les jours, maître Hoyau. »

Le dernier vestige de ma colère s'était évanoui : c'était maintenant avec instances que je priais Jean Ledoux de tenir sa promesse; mais, absolument rassuré, le rusé drôle se découvrait scrupule sur scrupule.

Ce n'était pas bien sûr que Monsieur m'eût permis de m'en aller comme ça à la chasse avec un pistolet, et ce n'était pas lui qui voudrait contrarier un si bon maître. Il en disait tant et tant, et j'avais si peu de bons arguments à lui opposer, que je dus me contenter d'un compromis. Il fut convenu qu'il dégagerait sa responsabilité en ne nous accompagnant pas, mais qu'il nous indiquerait où était le lapin. Il n'y avait pas à s'y tromper, disait-il; nous n'avions qu'à entrer dans le taillis de la Banlœuvre, nous verrions à gauche une clairière dans laquelle étaient des cordes de bois; au bout de cette clairière, il y avait une touffe de genévriers, le lapin était gîté à son centre, et, comme elle n'était pas large, je n'avais qu'à tirer sur la touffe... j'étais sûr de tuer le lapin.

Je priai encore Jean Ledoux de venir avec nous, ce qui me semblait infiniment plus sûr et plus simple; mais il resta inexorable, toucha ses juments et embraya un autre sillon, qui, cette fois, devait le conduire à l'autre bout du champ où se trouvait la fameuse blouse; j'étais trop enfiévré pour perdre mon temps à l'observer, je me dirigeai avec mes deux compagnons vers le bois de la Banlœuvre; le Sandrin le déclarait connaître comme sa poche, et il me répondait de découvrir la touffe de genévriers. Il ne s'était pas trop avancé, il me conduisit à la clairière, facile à reconnaître, du reste, aux nombreuses cordes de bois qui s'y trouvaient alignées; mais ce fut moi qui aperçus le premier, vis-à-vis de ces piles, un petit buisson aux feuilles d'un gris verdâtre que je reconnus immédiatement pour celui que le charretier nous avait indiqué.

« C'est là! » dis-je à mon frère de lait d'une voix que l'émotion rendait haletante.

Nous nous avançâmes tous les deux avec des précautions infinies, jusqu'à ce que nous fussions à cinq pas du genévrier, sur lequel je

braquai le pistolet, qui dansait une véritable sarabande au bout de mon poignet.

Il avait été convenu à l'avance que, comme la veille, le Sandrin réunirait son doigt au mien sur la gâchette, et qu'au commandement de : « Feu! » dont je me réservais l'honneur, nous la presserions en même temps.

La consigne fut cette fois rigoureusement exécutée; nos petits doigts crispés firent tomber le chien sur le bassinet; une violente commotion nous arracha le pistolet en même temps que retentissait une formidable détonation : la secousse nous culbuta, mon frère de lait à gauche, moi à droite, tous les deux plus morts que vifs, car nous restâmes étendus dans la clairière, tandis que Henriot, épouvanté, jetait des cris désespérés, qui furent le dernier bruit que j'entendis, puisque je m'évanouis.

Quand je revins à moi et que j'ouvris les yeux, la première chose que j'aperçus ce fut le visage de mon père, penché sur moi et pâle comme un spectre. Comme, malgré le prodigieux aplomb avec lequel j'avais accompli ma petite campagne, je me rendais un compte fort exact de la faute que j'avais commise et des reproches que je méritais, je refermai immédiatement les paupières.

Mais le pauvre homme, qui m'avait déjà à moitié déshabillé, ne m'adressa pas un reproche et me pria seulement de remuer le bras et d'essayer d'agiter les doigts. Ces deux mouvements me causèrent une vive douleur, car tout ce bras, du poignet à l'épaule, était affreusement engourdi; cependant, je parvins à les exécuter en les accompagnant de quelques menus gémissements.

A deux pas de là, mon complice le Sandrin hurlait comme un brûlé. Le garde Hoyau, qui s'était chargé de s'assurer qu'il n'était pas blessé, l'avait dépouillé de sa blouse et de sa chemise, et, en reconnaissant qu'il n'avait pas une égratignure, il frottait son bras endolori comme s'il eût été décidé à le faire reluire, en ajoutant, en guise de baume, à cette friction, des menaces terribles touchant les châtiments que papa Gouillé allait lui appliquer pour avoir failli tuer son nourrisson. Henriot, qui redoutait sans doute pour lui-même le ricochet de la volée de bois vert que le garde promettait si généreusement à son frère, confondait ses sanglots et ses cris avec les cris et les sanglots de celui-ci.

Je me hâtai d'intervenir, prenant énergiquement la responsabilité de notre escapade. Je dis à mon père comment j'avais entraîné mes infortunés compagnons; joignant mes larmes à celles que je leur voyais répandre, j'implorai leur grâce, et je parvins à délivrer le Sandrin du bouchonnage auquel il était soumis. Hoyau ne l'eut pas plus tôt lâché qu'une idée traversa ma cervelle avec la vivacité de l'éclair :

« Et mon lapin? J'espère que vous l'avez ramassé, mon lapin? »

Un sourire illumina la figure larmoyante et bouffie du pauvre Henriot; il me montra du doigt la petite carnassière, qui faisait en ce moment une grosse bosse sur son dos, et il me dit d'une voix entrecoupée :

« Oh! sois tranquille, je l'ai, notre lapin! »

Cette bonne nouvelle me fit instantanément oublier ma douleur; je courus à mon jeune compagnon en le félicitant de n'avoir point, malgré son émotion, failli au rôle que je lui avais assigné dans mon programme, celui du chien qui va chercher le gibier et le rapporte; et en même temps, d'une main fébrile, j'amenai ma victime hors du filet, afin de la contempler.

Hélas! elle était dans un état vraiment piteux.

Ce malheureux Henriot ayant préalablement entassé dans le filet une forte provision de mûres, il s'était trouvé trop étroit quand il s'était agi d'y faire entrer le lapin; alors, ayant un peu perdu la tête, il avait bourré, bourré, jusqu'à ce que, réduites en purée, ces mûres se décidassent à faire un peu de place au nouveau venu. Le bel habit gris de mon lapin s'était nécessairement mal trouvé de ce contact : il était violet comme le camail d'un évêque.

Tout en le débarrassant des pépins et des pellicules qui le souillaient, j'aperçus un fil de laiton, dont une extrémité lui enserrait le col.

« Qu'est-ce que c'est donc que cela? » m'écriai-je avec stupeur.

Mon père et le garde échangèrent un sourire; puis, comme ils s'étaient mis d'accord, ils m'assurèrent que l'on tuait assez souvent dans le bois des lapins munis de ce singulier ornement. J'étais si enthousiasmé du résultat de ma journée que, pour le moment, je me contentai de l'explication, et nous regagnâmes la maison. Mon père, tout en prenant ses mesures contre le retour de semblables imprudences, ne jugea pas à propos d'initier tout de suite ma mère à la gravité du péril auquel je m'étais exposé.

Cependant, ce malheureux fil de laiton me trottait toujours dans la tête et gâtait quelque peu le souvenir orgueilleux que je conservais de ma première expédition. Quelque temps avant mon retour au collège, un soir que nous étions réunis au coin du feu, je ramenai la question sur ce chapitre, et, comme toujours, mon père me répondit que c'était là un détail insignifiant, auquel un chasseur ne faisait aucune attention, ce que dix fois déjà il m'avait répété.

« Vous dites cela, parce que vous ne voulez pas gâter mon plaisir d'avoir tué un lapin d'un coup de pistolet, mais j'ai bien remarqué aussi que ce lapin était froid et déjà raidi quand je l'ai pris à Henriot, et il eût été chaud, si c'était mon plomb qui l'eût tué. »

Mon père se mit à rire.

« Je ne jurerais pas encore que ce sera un chasseur, dit-il, mais je dois reconnaître qu'il a de la vocation.

— Que la volonté de Dieu soit faite en toutes choses, et même en cela! » répondit pieusement ma mère.

Ce ne fut que quelques années plus tard que j'eus l'explication du décès préalable de ce lapin, qui, en réalité, était depuis une douzaine d'heures passé de vie à trépas quand je le tuai pour la seconde fois.

Le matin, en faisant sa tournée, Hoyau avait vu un lapin pris au collet; comme de juste, il s'était bien gardé d'y toucher. Jean Ledoux étant vivement soupçonné de maint acte de braconnage, on avait annoncé le matin que l'on allait chasser aux Corvées, et on était venu, au contraire, rôder dans les environs; mais le charretier, soit qu'il eût soupçonné le piège, soit qu'il eût préféré attendre le soir pour s'emparer de sa capture, en avait disposé à mon profit lorsque mes questions lui avaient fait craindre que je l'eusse vu tirer les perdrix à travers la haie.

Je n'ai pas besoin d'ajouter que, sur le récit sincère de mes aventures, cet honnête serviteur avait été congédié, le soir même du jour où j'avais tué mon premier lapin.

XXVIII

LES CHEVAUX A PARIS.

On a dit de Paris qu'il était « le paradis des femmes, le purgatoire des maris et l'enfer des chevaux »; mais ce sont surtout les dictons qu'il faut se garder de prendre au pied de la lettre; la plus noble conquête de l'homme ne compte pas mal de représentants qui calomnieraient leurs maîtres parisiens, s'ils prétendaient qu'ils mangent leur avoine dans l'établissement assigné pour patrimoine à leur espèce. Peut-être en est-il à peu près de même pour les deux catégories de bipèdes que la sagesse des nations a parqués dans le purgatoire et dans le paradis.

Un des effets les plus bizarres de nos distinctions sociales est de se reproduire au profit de deux ou trois espèces d'animaux. Il existe pour elles une loterie du sort, exactement comme pour les hommes; il ne s'agit que d'y amener un bon numéro, et, que l'on soit cheval ou que l'on soit chien, on est certain de devenir un objet d'envie pour les neuf dixièmes du genre humain, tout au moins.

A Paris, gens et bêtes se touchent, se coudoient sans plus se ressembler les uns que les autres. Il y a exactement la même distance entre le cheval fringant, attelé à un coupé de maître, et la haridelle efflanquée qui s'évertue à traîner la voiture de sable jaune, qu'entre les destinées du millionnaire ventru, qui s'affaisse sur les coussins de l'équipage, et celles du pauvre charretier déguenillé, qui s'en va de boutique en boutique négocier la vente d'un sac de sa marchandise; toute assimilation entre eux pécherait contre le sens commun.

Le rôle du cheval, dans la physionomie de la vie au dehors à Paris, est considérable. Les chaussées des rues, des avenues, des boulevards sont son empire; il en représente si bien l'activité et le mouvement, que c'est en lui qu'ils s'identifient : mouvement vraiment vertigineux, qu'il suffit d'observer de sang-froid pour être saisi à la fois d'épouvante et d'admiration : celle-ci à l'adresse de la Providence, qui permet que ce tohu-bohu d'animaux, de lourds véhicules se dépassant, se croisant, se coupant dans tous les sens, dans toutes les directions, n'aboutisse pas, à chaque instant, à une catastrophe.

L'individualité chevaline s'efface nécessairement dans cette confusion; l'œil, fatigué de cette incessante répétition, ne distingue plus trop la bête de la voiture, dont, comme le cocher, elle est devenue un détail; les extrêmes seuls se détachent sur l'ensemble et fixent l'attention, les représentants du luxe et les auxiliaires de la misère.

Nous commencerons par vous entretenir des premiers avant d'arriver aux derniers. Cet ordre nous paraît d'autant plus rationnel que l'un et l'autre ne sont quelquefois qu'un seul et même personnage. Après avoir débuté par l'opulence, il est des chevaux qui, comme certains fils de famille, passant par tous les échelons intermédiaires, finissent par échouer sur les bas-fonds où il faut laisser toute espérance.

Un aperçu des prodigalités dont le logement de ces animaux peut devenir le prétexte vous laisserait probablement indifférents.

Quand nous vous dirions que nous avons visité une écurie dont l'aménagement ne coûtait pas moins de cent mille écus; quand nous vous décririons ses stalles d'acajou ciré, ses auges de marbre, ses râteliers et ses chaînes de fer poli, ses paillassons multicolores, vous ne répondriez qu'en haussant les épaules.

L'animal, au point de vue duquel il faut juger ces splendeurs, en reste passablement dédaigneux. Dans son positivisme pratique, il se contenterait d'un mobilier moins somptueux, à la condition que le cocher se montrerait aussi moins jaloux de s'appliquer à lui-même une partie du picotin, sous la forme d'une bouteille de bordeaux.

Je ne jurerais même pas que, si hygiéniques qu'ils soient, les pansages méticuleux dont il est l'objet ne finissent pas par lui faire regretter la franche pâture dans les herbages, les galops à travers les herbes jaunissantes, l'ombre des grands chênes de la haie et l'étrille de la nature fournie par le tronc rugueux des vieux pommiers auxquels il frottait son poil inculte.

Quelles que soient les réflexions que les somptuosités dont on l'entoure inspirent au pensionnaire de ces palais hippiques, son existence n'en constitue pas moins l'âge d'or de la race chevaline. Le labeur que l'on exige de lui représente celui des oisifs de notre espèce : tout juste assez d'exercice pour s'entretenir le jeu des articulations et se procurer de l'appétit.

Lorsqu'un gentleman consacre de quinze à vingt mille francs à l'acquisition d'un attelage, c'est un peu, sans doute, par enthousiasme de la perfection de ses formes, mais beaucoup pour que cela fasse quelque tapage dans son Landerneau particulier. — La géographie n'en connaît qu'un; en réalité, nous avons chacun le nôtre.

L'effet acquis, l'acquéreur gratté où cela le démangeait, il se produit ce phénomène qu'il est devenu l'esclave des deux bêtes payées à si beaux deniers comptants. Il suffit que l'une d'elles tousse pour lui donner la fièvre; il se tient le ventre quand l'autre a la colique. De sept à dix mille francs à la merci d'une fluxion de poitrine ou de quelques misérables tranchées, jugez donc! Que de fois on regrette le temps où ces admirables animaux étaient de simples billets de banque, faciles à préserver du chaud et du froid en les serrant dans un portefeuille!

En pareil cas, nous le répétons, les rôles s'intervertissent; on ne se sert de ses chevaux que lorsqu'on n'en a pas besoin. Au lieu de promener leur maître, c'est leur maître qui les promène. On a un cheval de nuit afin de ne pas les exposer au serein. Avant de risquer ces précieuses santés sur le pavé des rues, sur le macadam du Bois, on consulte le baromètre et Baptiste; Baptiste, qui est malin, s'il a seulement un whist en perspective aux barreaux verts du coin, ayant murmuré que monsieur est bien le maître de ses chevaux, mais qu'il ne répond de rien à monsieur, ledit monsieur se hâte d'envoyer chercher une remise et renonce aux menus triomphes que la correction avec laquelle ses bais bruns sont attelés pouvait lui ménager dans le high-life.

Cette période de félicité se prolonge pour quelques privilégiés. Nous avons connu une paire de chevaux alezans, appartenant à M. G. de M..., que celui-ci vendit 24.000 francs au duc de F..., et qui sous le fouet de celui-ci firent encore longtemps sensation dans les Champs-Élysées. Ils réunissaient à eux deux trente-quatre... mettons printemps, quand ils changèrent de maître.

Le sentiment fournit également quelques chances favorables; c'est principalement au profit des chevaux de selle que la corde sensible est susceptible de vibrer. Il se rencontre par-ci par-là quelques généreux cavaliers, qui, ne se décidant point à trafiquer du serviteur blanchi à leur service, lui accordent une retraite honorable dans leurs terres; mais depuis que les vieux serviteurs valent encore, couramment, leurs cinquante louis, cette munificence ne se reproduit plus aussi souvent qu'autrefois, elle est pour ainsi dire passée à l'état d'exception.

L'heureux quadrupède finit donc presque toujours par la déchéance. Elle se produit généralement entre sa huitième et sa douzième année, mais les accidents peuvent en précipiter l'heure.

Quelquefois il en est quitte pour s'embourgeoiser; souvent aussi, et lorsque quelques tares sérieuses ont légitimé sa disgrâce, il franchit le premier des degrés qui conduisent à l'enfer de son espèce, il prend son rang et son numéro dans la galère de la grande remise.

Dans cette sphère modeste, l'existence est encore supportable; on a ses jours de parade sous des harnais soigneusement cirés, dont la boucleterie, démodée mais tapageuse, fait sensation dans le gros public. D'autres fois, encocardé de fleurs d'oranger, on piaffera sous le fouet d'un cocher ganté de blanc, fier de la sensation que l'apparition de la noce produit toujours sur les passants.

Il y a bien quelque promiscuité dans le logement, le jour et l'air sont un peu chichement mesurés; mais ce ne serait rien encore, s'il ne fallait rompre avec le farniente dont le ci-devant cheval de luxe s'était fait une si douce habitude : dans sa nouvelle condition, chaque picotin se paye d'un travail sérieux.

Après la remise, le fiacre.

Les grandes entreprises de voitures de place, la Compagnie générale, l'Urbaine, etc., se remontent directement en Bretagne, dans le Limousin et autres contrées d'élevage. Cependant, les grandeurs déchues n'y sont pas rares, surtout dans les écuries des petits loueurs, qui recrutent principalement au marché aux chevaux. Nous allons abandonner un instant les anciens favoris du sort pour embrasser la condition générale de cette couche du monde chevalin.

Là, comme partout, le hasard règne en souverain et le quadrupède débutant doit s'attendre à compter avec lui. De la nourriture et des soins il n'y a trop rien à dire : la première est toujours suffisante; les derniers, sans être minutieux, ne manquent pas.

Sur ce chapitre, les quadrupèdes n'ont à redouter que l'intervention des théoriciens théorisants, toujours en quête de quelques fécondes économies! Les grandes compagnies, qui en raffolent, se prêtent volontiers à leurs petites expériences.

Un jour, c'est le maïs que l'on substitue à l'avoine; le lendemain, c'est la sciure de bois qui remplace la paille dans les litières. Un des chercheurs ayant découvert que cette sciure de bois n'était pas absolument dépourvue d'azote, elle faillit même s'élever à la dignité d'aliment! C'était séduisant; il fallait une véritable grandeur d'âme pour résister à la tentation des bénéfices qu'on pouvait espérer. MM. les administrateurs prouvèrent qu'ils en étaient susceptibles, et leurs pensionnaires échappèrent au régal.

Où la malechance se traduit pour le cheval de fiacre, c'est dans la désignation de l'automédon dont il deviendra le collaborateur.

S'il tombe entre les mains d'un homme à peu près digne du titre de cocher, son labeur sera rude sans doute, mais supportable. Pour ne pas surmener sa bête, celui-ci saura résister à l'attrait d'un pourboire; si elle a chaud, il ajoutera son manteau à la couverture qu'il étend sur son dos en arrivant à la station; avant d'aller rejoindre les camarades chez le marchand de vin, répudiant l'assistance du garçon de place, il attachera lui-même à la têtière la musette contenant l'avoine, veillera sur la façon dont elle se mange et ne s'attablera que lorsqu'il aura vu l'animal en bonne disposition d'appétit.

Dans de graves circonstances, après une corvée, une course rapide, il n'hésitera jamais à ajouter à la provende un morceau de pain, et même du vin, qu'il paiera sur son salaire; enfin, il le dirige avec assez d'adresse pour lui éviter les à-coups, les brusques arrêts et les chutes, qui ruinent un cheval bien plus sûrement encore que la fatigue. Ce cheval, dans de telles conditions, durera certainement un tiers plus longtemps qu'un autre en des mains moins expérimentées.

Les compagnies ne demanderaient pas mieux que de recruter leur personnel parmi ces dérivés de l'ancien « cocher fidèle ». Malheureusement leurs exigences et la faiblesse des salaires ont écarté toutes les vocations sérieuses du métier; les loueurs ne disposent plus guère aujourd'hui que de « conducteurs » plus ou moins expérimentés dans l'art de pousser à hue et à dia, et qui, brutaux avec le public, se montrent trop souvent féroces envers les pauvres quadrupèdes qu'on leur confie pour gagner leur pain. Sous leur fouet, la vie du cheval de fiacre se déroule dans toute son horreur.

Pour lui, il n'existe plus, nous ne dirons pas de sollicitude, mais de pitié; devenu machine, on lui fera suer tout ce qu'il peut rendre de pièces de quarante sols, c'est-à-dire d'heures de courses; la faim, les intempéries, l'écrasement par la fatigue, rien de tout cela ne lui est plus compté, et comme elle est plus ou moins détraquée, cette machine, ce sera à coups de fouet, tantôt de la lanière, tantôt du manche, que l'on en graissera les rouages pour la maintenir en mouvement; sans compter une des aides favorites de ces automédons de raccroc, la saccade avec laquelle, en brisant les barres du misérable, ils font de sa corvée un douloureux supplice.

Dès qu'il a cessé de « monnayer » au profit de son bourreau, celui-ci n'a plus pour lui que de l'indifférence ; sa musette, en se dénouant, a laissé tomber une partie de la ration sur le pavé; d'un pied dédaigneux, le cocher pousse l'avoine au ruisseau, car un client se présente, et remontant sur son siège :

« Tu souperas mieux ce soir; hue! carcan! »

Hue! jusqu'à ce que les forces t'abandonnent! hue! jusqu'à ce que tes pauvres jambes aux aplombs perdus, aux jarrets ruinés, aux genoux arqués, aux pieds bouletés, ne te soutiennent plus sur le pavé glissant, contre les perfidies duquel le maladroit qui te conduit ne sait pas même te fournir un appui! Hue! en montant comme en descendant; hue! sous la pluie, sous la neige, par la gelée comme par le soleil! Hue! encore, si tu viens à t'abattre, aussitôt que l'aide de passants charitables t'aura remis à peu près debout; hue! toujours! Hue! jusqu'à la chaudière, ta suprême espérance, qui se fera toujours attendre trop longtemps!

Malgré le magnifique dithyrambe qu'il a inspiré à Buffon, nous croyons que le cheval ne se distingue pas des autres herbivores par la supériorité de son intelligence. Cependant, non seulement dans les conditions exceptionnelles que nous signalions au début de cet article, mais dans la vie des champs, soumis à un travail modéré, traité avec quelque humanité, familiarisé avec ses maîtres, cet animal témoigne d'irrécusables facultés de compréhension, de discernement et même d'attachement. Comme chez tous les quadrupèdes, c'est dans l'œil qu'elles se révèlent. Cet œil du cheval, très beau par lui-même, est parlant; il dit le désir, la joie, il s'illumine jusqu'à exprimer la passion, il reflète la frayeur et la colère. Quand la bête succombe à sa misère, ce truchement de ses impressions perd la parole. Observez l'œil du cheval de fiacre : c'est un œil muet.

Le recrutement auquel, en temps de guerre, les chevaux pourraient être soumis est le point de départ d'une statistique un peu plus rigoureuse que celle dont la race canine est l'objet; l'exactitude de ses chiffres est indiscutable, ils flottent entre 84 et 89.000 chevaux et juments. Voici, du reste, comment ils s'établissent pour les quatre années comprises entre 1879 et 1882 :

Années.	Chevaux et juments.	Mulets.	Total.
1879	84.530	44	84.574
1880	87.129	60	87.189
1881	89.785	44	89.829
1882	88.994	23	89.017

L'épidémie qui fit, au printemps de 1881, des ravages assez considérables dans les écuries parisiennes est probablement la cause du temps d'arrêt constaté en 1882 dans la progression toujours constante de cette population chevaline. Mais, les nécessités de la locomotion rapide devenant de plus en plus impérieuses pour toutes les classes de la société, il est très vraisemblable que le chiffre de 100.000 chevaux a été, depuis, atteint et dépassé. Les voitures du transport en commun et les voitures de place absorbent environ le tiers de cette formidable cavalerie.

Son commerce constitue nécessairement une industrie considérable; la valeur, le genre de services des animaux qui en sont l'objet, la divisent en catégories qui pour la plupart s'établissent et exercent dans le quartier qui leur est spécialement favorable.

Les marchands de chevaux de luxe, dont le nombre tendrait plutôt à diminuer qu'à s'accroître, étaient jadis concentrés dans les Champs-Élysées. Le haut prix des terrains et la cherté des loyers, sa conséquence, les ont quelque peu éparpillés dans les quartiers Beaujon, Monceau, etc. Ces marchands recrutent quelquefois en Angleterre, plus fréquemment en Allemagne; mais c'est surtout en France, grâce à la création des écoles de dressage, que se pratiquent leurs achats.

La valeur d'un attelage arrivant quelquefois au prix d'une métairie, le commerçant qui se livre à ces sortes de négociations est toujours quelque peu gentleman; ce négociant se double quelquefois d'un sportman, ayant écurie de courses et ses couleurs sur les hippodromes.

L'ancien type du marchand de chevaux se voit assez généralement chez celui qui exploite les chevaux de gros trait et les races communes. Si sa mise et sa tenue conservent le caractère professionnel, en revanche, jamais elles n'aspirent à la correction; haut en couleur, singulièrement loquace quand sa marchandise est sur le tapis, se montrant viveur et bon enfant, il affecte par-dessus tout la rondeur dans les affaires. Ne vous y fiez qu'à moitié; sous les dehors épais de ce bonhomme se dissimule une finesse susceptible de « rouler » pas mal de diplomates.

Nous n'avons pas besoin d'ajouter que les marchands de chevaux de cette spécialité se remontent exclusivement dans nos foires. Encore ceci est-ce une manière de parler. La concurrence est telle, que ces foires sont plutôt le prétexte que l'occasion de leurs marchés.

Deux jours avant leur ouverture, le marchand dirige sur la localité tout son état-major de courtiers; chacun de ceux-ci va s'établir dans quelque auberge d'une des routes par lesquelles arriveront les éleveurs, cultivateurs, fermiers, et leurs produits; tout ce qui en vaut la peine est raflé au passage; quand la foire s'ouvre, le marchand, ayant terminé ses achats, n'a plus qu'à former son convoi et à l'expédier.

Au-dessous de ces gros bonnets de la corporation, trafique le nombreux bataillon des maquignons et des courtiers. Quelques-uns ont leurs écuries affectées tantôt à des convois de poneys venus d'Écosse ou de l'île de Corse, tantôt à des chevaux de valeur moyenne achetés un peu partout; mais le marché aux chevaux reste le théâtre principal des opérations du plus grand nombre.

Ce marché a été déplacé, il y a quelques années, et transféré de la barrière d'Enfer à celle de Fontainebleau. S'il a perdu quelque chose de son caractère primitif dans les agencements qui ont mis son théâtre au niveau du luxe de l'édilité moderne, il a néanmoins conservé sa physionomie pittoresque, dont se sont inspirés Rosa Bonheur, Alph. Giroux et nombre d'autres artistes.

Ce marché est ouvert les mercredis et samedis de chaque semaine; il ne réunit presque jamais moins d'un millier d'animaux. Sans compter les flâneurs, les transactions y concentrent un nombre considérable d'intéressés et d'auxiliaires de toute catégorie, garçons d'écurie, gardiens, etc.; aussi le tableau est-il toujours excessivement mouvementé.

C'est là que vous retrouverez tous les types du maquignonnage en sous-ordre, depuis le marchand des faubourgs à la tenue demi-bourgeoise, panachée de quelques prétentions anglomanes, jusqu'au Normand traditionnel dont la redingote déborde sous la blouse, et qui sous son chapeau a gardé le mouchoir à carreaux à l'aide duquel il a bravé, pendant la nuit, les vents coulis du compartiment de troisième; palefreniers, aux longs gilets à manches de drap à larges carreaux bruns et jaunes; gars de campagne, aux grosses bottes boueuses, ceinturonnés d'un faisceau de licols et portant la limousine pliée sur l'épaule; courtiers plus ou moins marrons, coiffés d'une casquette de soie compromettante et quêtant quelque affaire interlope avec l'ardeur d'un chien en un jour d'ouverture.

Non moins curieuse la revue des héros de cette foire des restes. N'étaient les convois de chevaux de trait frais émoulus, des attelées rurales recrutées pour combler les vides multipliés de la cavalerie parisienne, le marché aux chevaux pourrait être accepté comme la vallée de Josaphat de la race chevaline, tant l'égalité y triomphe. Toutes les espèces y sont confondues, toutes les grandeurs sont venues y aboutir. Sans doute l'uniforme n'est pas celui dont nous nous trouverons vêtus lorsque l'ange à la trompette d'airain nous appellera sept fois, mais la promiscuité est celle qui nous attend dans ce jour redoutable. Le cheval de fiacre arrivé au dernier degré de l'extermination, suant ses os à travers sa peau marbrée d'écorchures sanguinolentes, est attaché côte à côte avec le ci-devant yarling sur la fortune duquel des louis ont été risqués par tas, et qui aujourd'hui, avec ses jambes arquées, son encolure lamentablement fléchie, son œil morne, ses lèvres pendantes, fait exactement la même figure que son camarade. Hacks, cobs, steppeurs, la fine fleur de la cavalerie du monde élégant, ce qui a brillé sur les hippodromes, ce qui a soulevé l'enthousiasme des amateurs des Champs-Élysées ou du Bois, se trouve, de par l'implacable destinée, ramené au triste niveau du prolétariat chevalin, des plus humbles, des plus vulgaires. Et encore, dans cette suprême décadence, l'avantage reste-t-il aux derniers, qui presque toujours seront l'objet des préférences du maraîcher, cherchant une bête marchant encore, ou peu s'en faut, pour faire tourner son manège et porter ses herbes à la halle.

Une des grandes améliorations du nouveau marché a été l'aménagement d'un terrain d'essai, où les chevaux trottent, les uns montés, les autres tenus en main, sous les yeux de l'acheteur, tandis que le vendeur, tambourinant dans l'intérieur de son chapeau à l'aide du manche de son fouet, s'évertue à galvaniser l'ardeur de sa bête, trop souvent, hélas! évanouie avec sa vigueur. Les transactions n'y sont guère moins laborieuses que dans les foires des départements; comme dans le pays de Sapience, elles ont besoin de quelques arrosages pour éclore; après avoir donné lieu à des colloques fort animés, elles vont généralement se terminer chez un des nombreux marchands de vins des environs.

Les chevaux mis en vente se divisent en chevaux dits de cabriolet, chevaux de trait, chevaux hors d'âge, et chevaux... de boucherie. Les prix des animaux des trois premières catégories varient depuis

20 francs jusqu'à 1.200 francs. Le tiers environ de ceux que l'on amène à chaque marché trouve des acquéreurs. La statistique des entrées a donné les chiffres suivants. :

Années.	Chevaux et mulets introduits.	Anes et chèvres introduits.
En 1876	4.2163	1.414
En 1877	3.9873	1.281
En 1878	3.9242	1.196
En 1879	4.2086	1.339
En 1880	4.7403	1.327

On vend également sur le marché aux chevaux des voitures à bras, à deux roues et à quatre roues; en 1880, le chiffre des premières est de 1.601, celui des secondes de 3.092, celui des troisièmes de 1.656. Plus de tombereaux que de huit ressorts, nécessairement.

La progression des ventes est médiocre, comme on peut le voir; elle ne répond pas aux espérances que la création du nouveau marché et son irréprochable aménagement avaient fait concevoir à l'administration. Il nous semble difficile qu'il en soit autrement; les grands consommateurs de chevaux communs, gravatiers, entrepreneurs de roulage, de camionnage, etc., préféreront toujours se remonter dans les écuries du marchand, qui, avec le choix, leur présente certaines garanties, et qui, de peur de compromettre sa clientèle, se refuse rarement à reprendre et à changer l'animal dont l'acquéreur n'est pas satisfait.

Nous avons conservé les chevaux de boucherie pour la bonne bouche. Il en est présenté de 40 à 80 à chaque marché; il est extrêmement rare que, du premier au dernier, ils ne trouvent pas leur placement; détail non moins curieux : leur prix ne descend jamais aussi bas que celui de certains chevaux réputés valides; il oscille entre 25 et 100 francs.

On a prétendu que le siège avait favorisé le développement de l'hippophagie; nous croyons, au contraire, qu'elle en a momentanément paralysé l'essor. Quand on a été pendant cinq mois au régime exclusif du cheval, on est bien excusable de n'en pas avoir le fanatisme.

Nous n'en sommes pas moins convaincu qu'elle est appelée à faire une certaine figure dans l'avenir; le jour viendra où, au lieu de faire du vieux serviteur une bête martyre en lui imposant un labeur que ses forces épuisées ne lui permettent pas d'accomplir, on le préparera par l'engraissement, c'est-à-dire par quelques mois de repos et de bonne nourriture, au dénouement fatal, auquel nul ici-bas ne peut se flatter d'échapper. Ce sera un bienfait non seulement pour l'alimentation publique, qui trouvera dans cet appoint un utile renfort, mais pour l'animal lui-même, auquel il épargnera la longue et douloureuse agonie que représente la vieillesse du cheval.

Disons, en terminant, qu'il y avait à Paris, en 1880, 87.189 chevaux, appartenant à 14.881 propriétaires, ce qui donne une moyenne d'environ six chevaux par maître; le nombre des voitures était de 26.192, celui de leurs propriétaires, de 13.880; les voitures de place figuraient dans ce total pour 5.679, les omnibus en circulation pour 3.040, les tramvays pour 1.497. Ces divers véhicules publics ont transporté, en 1880 : les omnibus, 107.849.512 voyageurs; les tramvays, 66.658.826 voyageurs, auxquels, en ajoutant les 12.495.860 voyageurs transportés par les lignes de voies ferrées du Louvre à Saint-Cloud, de Sèvres, de Versailles, on arrive au formidable total de 187.004.198, bilan très affaibli du grouillement de la gigantesque fourmilière.

XXIX

LE PIVERT.

Comme la société, la nature a ses déshérités; les uns, pauvrement outillés, faiblement organisés, soit pour la défense, soit pour la recherche de leur nourriture, végètent plutôt qu'ils ne vivent; les autres sont voués à un labeur acharné pour la conquête de l'alimentation spéciale qui leur a été assignée.

Nous décrivons plus loin les affûts patients du héron, le triste solitaire de nos marécages; la forêt a son forçat, condamné, non pas, comme l'échassier, à l'éternité de l'embuscade, mais au rude travail du pionnier, continué presque sans pause tant que le soleil est sur l'horizon : cet autre esclave des tyranniques exigences de son estomac, c'est le pivert.

Il vous sera sans doute arrivé, en traversant quelque futaie, d'être surpris par le bruit d'un corps dur frappant à coups répétés sur un tronc sonore, quelque chose comme les chocs affaiblis de la cognée du bûcheron; si vous avez levé les yeux, vous avez aperçu l'ouvrier, cramponné aux écorces par ses ongles robustes, faisant jouer son bec, taillé en forme de cône, avec tant de vigueur qu'il ne tarde pas à déchiqueter l'aubier, ne s'interrompant que pour gagner en sautillant le côté opposé de l'arbre et revenant presque aussitôt, acharné à sa tâche.

Pour expliquer cette manœuvre du pivert, nos paysans prétendent qu'il va voir s'il ne serait pas parvenu à transpercer le tronc qu'il a attaqué. Le brave oiseau n'est vraiment pas aussi naïf.

Les insectes qui se cachent dans le bois vermoulu, les larves qui s'y abritent, les vers qui parfont la décomposition des arbres maladifs, sont le but de son travail; les uns et les autres sont très au courant de la tactique de leur ennemi, et, comme font les lombrics, qui, aux frissons du sol, pressentent l'approche de la taupe fouilleuse, — au retentissement de ces coups de pioche, ils se hâtent de quitter leurs retraites. De son côté, le pivert n'ignore point l'effet que son

tapage produira sur les ermites des écorces; c'est pour cueillir les fuyards les uns après les autres qu'il tourne autour de l'arbre avant de revenir à son principal objectif, quelque nid de friandes chrysalides dont son instinct lui a révélé la présence.

Le pivert est d'humeur farouche, on l'approche difficilement; sa sauvagerie est justifiée non seulement par les rigueurs laborieuses de son existence, mais par la proscription qui achève de faire de lui un paria.

Fidèles à la déplorable légèreté avec laquelle nous condamnons sur la foi d'observations incomplètes ou irréfléchies, nous avons mis sa

tête à prix dans la plupart de nos massifs forestiers. On l'accuse, ce qui équivaut à dire qu'on le tient pour convaincu, de gâter, de causer la mort des plus beaux arbres. Mieux vaudrait dire des plus vieux.

La vérité est que les insectes ne se trouvent jamais sous les écorces saines, mais toujours sur les grands végétaux qui arrivent aux limites de leur existence, et particulièrement sur les parties du corps de l'arbre dont l'humidité ou quelque chancre ont provoqué la pourriture. C'est toujours là que creuse le pivert, soit pour se procurer sa provende, soit pour y établir son nid. Il nous renseigne donc sur l'état, assez difficile à constater, des arbres de futaie; il les marque pour l'abatage quelque temps avant le marteau du garde-vente. Il n'y a vraiment pas là une raison pour le pendre ou le fusiller.

Si, comme cela est probable, au bruit de vos pas sur les feuilles mortes, le pivert s'est mis à l'essor, il s'envolera en jetant une suite de cris très perçants, que l'on traduit par la répétition de ces deux syllabes : *pui-pui*, et qui, lorsqu'il aura disparu, retentiront encore dans le lointain.

Cette clameur presque éclatante est d'une mélancolie communicative; elle fait passer sur celui qui l'entend de vagues frissons de tristesse.

On dit que cette voix annonce la pluie, de là ses noms de *pleut-pleut*, d'*avocat des meuniers*, etc. On dit aussi qu'il est condamné au supplice de la soif, pour avoir refusé de travailler avec les autres oiseaux à creuser le bassin des océans : il ne lui serait permis de se désaltérer qu'en recueillant l'eau qui tombe du ciel.

Cette fois, l'observation qui a été le point de départ de la légende n'est pas sans fondement; le pivert devient effectivement très bavard quand il doit pleuvoir, probablement parce que cette pluie met en mouvement les insectes et les habitants des fourmilières, qui figurent également dans ses menus.

Par une de ces ironies auxquelles elle cède quelquefois, la nature a magnifiquement habillé cette famille d'humbles travailleurs, piverts et épeiches; elle a prodigué ses plus riches couleurs sur le satin, sur le velours de leur plumage; ils n'en sont pas plus fiers, et la tristesse du cri se retrouve dans la physionomie des uns et des autres. Peut-être ont-ils le sentiment de l'exception qu'ils représentent dans le monde des êtres joyeux auxquels la nature a accordé la vie facile avec la possession de l'espace.

XXX

L'ENGOULEVENT.

L'engoulevent est certainement un des moins connus parmi les oiseaux; migrateur, il ne séjourne dans notre région que pendant les mois de l'été; son habitat est exclusivement forestier; enfin, en raison de ses habitudes crépusculaires, il ne se montre volontairement qu'aux heures où la fraîcheur du soir et l'obscurité ont chassé du bois les derniers promeneurs. Le chasseur, le bûcheron auront seuls l'occasion de voir se lever devant eux cet hôte des solitudes, et encore faut-il pour cela qu'ils se soient décidés à traverser les grands taillis, où, la tête sous l'aile, l'engoulevent attend, en sommeillant, que la chute du jour ait mis à l'essor les scarabées qui sont son gibier.

Ce nom lui vient de son habitude de voler, le soir surtout, le bec ouvert. Ce bec, disproportionné, une sorte de gouffre béant, *engoule* l'air que l'oiseau traverse d'un vol rapide, en produisant un sifflement caractéristique.

Bien entendu, la mélomanie n'est pour rien dans cette manie de voyager la bouche ouverte; elle est le piège qui happera les coléoptères bourdonnants; et ce piège, l'oiseau le tient tendu pour le refermer plus promptement sur la proie qu'il rencontre.

En dehors des heures de chasse, l'engoulevent n'est point assez malavisé pour s'imposer cette gêne dans le seul but de faire de la musique; nous l'avons rencontré bien souvent, il fuyait le bec clos, et partant muet; ce n'a été que chez les individus qui, à l'heure de la retraite, passaient au-dessus de notre tête que nous avons pu apprécier la virtuosité particulière de cette espèce.

Il n'est pas, du reste, à court d'appellations étranges, l'observation rustique l'en a largement pourvu; la *Faune populaire* de M. Eugène Rolland nous en fournit une véritable provision. La plus extraordinaire est celle de « tette-chèvre », qui lui reste acquise dans les Pyrénées-Orientales, *tela-cabra.*

Le préjugé qui a donné naissance à celle-là ne date pas d'hier, c'est Pline, ni plus ni moins, qui, le premier, s'en est fait l'éditeur responsable en racontant que cet oiseau entre dans les étables pour sucer le lait des chèvres, dont cet attouchement dessèche les mamelles. Dix-huit siècles ont, comme on le voit, passé sur cette fable sans en avoir raison.

Dans les Vosges, l'engoulevent est appelé « hirondelle de nuit », surnom aussi bien justifié que l'autre l'est peu; en dehors d'une communauté d'alimentation, l'engoulevent rappelle encore assez bien dans son vol la légèreté et les courbes gracieuses de celui de l'hirondelle.

Enfin, dans le pays toulousain, on lui décerne le titre de *crapaou boulant,* qui, dans le Centre, où il est également usité, devient « crapaud volant ». On prétend que l'engoulevent, dans ses chasses nocturnes, fait sa proie des crapauds qu'il rencontre; nous en doutons, car son bec ne nous paraît pas outillé pour une telle curée; ceux de nos lecteurs qui ont vu trois ou quatre canards s'associer pour dépecer un de ces gibiers coriaces, et n'y parvenir qu'à la suite de longs efforts, en douteront peut-être avec nous. L'étiquette ne lui viendrait-elle pas bien plutôt de la vague ressemblance que la largeur de son bec lui donne avec le batracien?

Quoi qu'il en soit, l'engoulevent est une créature honnête entre les plus honnêtes; nous ne voyons guère à lui reprocher que les prédilections pour la solitude que lui imposent ses appétits spéciaux. Mais ce grief, si c'en est un, peut bien trouver ses circonstances atténuantes dans les services qu'il nous rend, sans faire trêve à sa discrétion exemplaire.

Ces services sont considérables; l'engoulevent est, avec la tribu des pies, le plus zélé, le plus méritant des protecteurs de la forêt.

Cependant, et c'est là ce qui nous a décidé à nous occuper de cet ermite des massifs ombreux, avec tant de titres non seulement à notre clémence, mais à notre considération, il est bien rare que dans le mois de septembre les coureurs de taillis ne ménagent pas une fin tragique à ces pauvres oiseaux ou aux deux petits qu'ils ont élevés.

La chair de l'engoulevent n'est guère mangeable; son plumage noir, brun et roux n'affecte même pas la richesse d'oppositions qui rendent celui de la bécasse si remarquable; vivant, il faisait de larges brèches dans les rangs des rongeurs forestiers; mort, il n'est plus bon à rien. Aussi n'est-ce jamais sans une vive impatience que nous voyons les uns faire feu sur cet oiseau, d'autres, surenchérissant, le requêter (!) laborieusement, quand une première fois ils l'ont manqué. De tous les travers reprochés aux chasseurs, nous n'en savons pas de plus insupportable que cette intempérance du fusil.

Nous voudrions que, chaque fois qu'en y cédant on a commis un de ces meurtres inutiles, le délinquant fût condamné à manger sa victime à son dîner. Malheureusement l'introduction de cette disposition dans la loi sur la chasse nous paraît assez difficile, quoique parfaitement justifiée.

XXXI

LES CHATS A PARIS.

Paris peut être considéré comme la Capoue de l'espèce féline; les mœurs, les instincts caractéristiques, le tempérament lui-même du chat résistent rarement à l'influence de ce foyer de bien-être et de corruption; il y gagne en amabilité, comme tous les sauvages qui se frottent à notre civilisation raffinée; mais, comme eux aussi, il y perd beaucoup de l'originalité qui le rendait si intéressant.

Cette originalité était surtout dans l'indépendance qu'il conservait dans ce que nous avons appelé sa domestication. En réalité, imparfaitement rallié, le chat de nos villages n'accepte notre domination que sous bénéfice d'inventaire; il est un hôte, bien plutôt qu'un serviteur, dans nos maisons; s'il travaille pour le maître, c'est par ricochet, en donnant satisfaction à l'instinct qui le pousse à se nourrir des rongeurs dont nous avons à nous plaindre; le reflet de cette émancipation dans le servage se trouve dans ses habitudes et dans ses allures.

S'il se tient volontiers au logis, s'il semble casanier, n'en faites point honneur à l'irrésistible attraction de notre voisinage; sans doute, pour peu qu'il soit habitué à votre visage, le matou n'éprouvera aucune répulsion pour votre présence, mais le souci de son bien-être est l'unique mobile de ses préférences.

D'abord, la journée est l'heure de son repos; la chambre est chaude, une joyeuse flambée pétille dans l'âtre; peut-être la ménagère indulgente tolérera-t-elle que le sauveteur de ses fromages fasse un somme dans le coin de cette cheminée flamboyante, les pattes sur les cendres chaudes; si cet idéal lui échappe, le frileux trouvera à coup sûr soit une chaise, soit un tablier, un torchon, où la sieste sera plus agréable que sur le carreau glacial ou dans le foin du grenier.

Et puis, l'intérieur est aussi le centre des aubaines; un chat avisé ne compte guère, bien entendu, sur la générosité des convives à son endroit; il sait que le campagnard économe est d'avis qu'une seule bouchée de pain qu'on lui donnerait à manger représenterait une souris de plus dans le logis. Cependant, si soigneusement que la cuiller ait râclé la marmite, une langue de chat y trouve encore à lécher; enfin c'est encore là que peut s'exercer son penchant aux lar-

cins, une faiblesse dont les leçons les plus sévères parviennent rarement à le dégoûter.

Le vernis de sauvagerie qui a survécu à l'apprivoisement de notre animal, c'est surtout dans ses fonctions et dans son rôle à l'extérieur qu'il s'accuse. Quand il rase un mur en trottinant, il a l'allure inquiète d'un repris de justice. Au moindre bruit insolite, un plissement du front rejette les oreilles en arrière et la marche s'accélère; s'il y a danger, il se replie sur lui-même pour y faire face, et, farouche, le masque crispé, il jette à l'assaillant un juron de menace suivi de sourds grondements. Évidemment, sa confiance dans l'affection qu'il nous inspire est médiocre.

Dans l'action, que ce soit aux champs ou dans le grenier, ses mouvements et sa physionomie révèlent la prudence et la réflexion qui doivent caractériser le batteur d'estrade.

La chasse est en effet sa vocation; il la suit, non pas en esclave docile et soumis, comme le chien, mais avec l'âpreté d'un braconnier qui n'admet personne au partage du butin.

Il pratiquera l'affût, soit à la cave, soit au grenier, suivant sa fan-

taisie, mais sans dédaigner et la plaine et les bois. Son éclectisme en matière de gibier est extrême : aux souris, aux mulots, aux rats, ses objectifs ordinaires, il ajoute volontiers non seulement les oisillons, mais les cailles, les perdrix, et les jeunes lapereaux et levrauts, que leur taille soumet à sa griffe.

De plus, comme tous les chasseurs passionnés, il mesure ses jouissances aux difficultés des expéditions; une fois qu'il a goûté de la grande maraude, il est bien rare qu'il ne s'affranchisse pas du semblant de chaîne qui pèse si peu à sa patte.

Le séjour de Paris est fatal à ce sauvage à peine dégrossi, comme il le sera vraisemblablement à la fille des champs qui lui permettait quelquefois, tandis qu'elle filait à son rouet, de faire un somme dans son giron.

La paresse et la gourmandise, leurs péchés d'élection à l'un comme à l'autre, ont vite raison de la naïve innocence de celle-ci, de l'énergique activité de celui-là.

Cloîtré dans quelques chambres étroites, à la merci de deux pernicieux agents de corruption, de mauvais lait et d'excellent mou, trop choyé, trop caressé, trop dorloté, donnant au sommeil non seulement les jours, mais les nuits, le chat s'amollit au moral; au physique, il s'empâte.

Son horreur pour tout ce qui ressemblait à un joug disparaît; son humeur si violemment indépendante, il l'abdique; les jouissances du noctambule, les pointes dans la plaine ténébreuse et silencieuse, discrètement éclairée par le rayonnement d'un ciel scintillant d'étoiles, la quête patiente dans les hautes herbes que sa marche prudente fait à peine frissonner, les émotions de l'embuscade, les enivrements de la curée, la fièvre que procurent les convulsions de la victime sous la griffe, et cette chair qui palpite encore sous la dent qui la broie, tout cela, pour le matou parisien, est devenu lettre morte.

Son humeur batailleuse s'est effacée avec ses appétits de chasseur; son courage lui-même n'a pas résisté à l'influence du bien-être. La capture des souris a conservé pour lui quelques attraits, bien qu'il leur préfère les moineaux; devant le gros rat gris, un adversaire redoutable, il est vrai, il lâche pied sans vergogne.

Il est transformé en un animal mixte qui n'est plus le chat, et qui se rapproche du chien, autant qu'il est possible à un égoïste de ressembler à ce type de l'abnégation fidèle; de son tempérament, cet égoïsme est le seul caractère qui ait complètement survécu; le plus

souvent, dans cette vie de fainéantise et de franche lippée, il s'est considérablement développé.

Les grâces félines qu'il a conservées ajoutent toutes sortes de séductions à la câlinerie dont il a fait l'apprentissage dans l'intimité que ses maîtres lui imposent; il recherche leurs caresses, témoigne d'une certaine gratitude pour la main qui le nourrit, devient même susceptible de la pousser jusqu'à l'attachement.

Cependant, il s'abandonne toujours bien plus qu'il ne se donne; il aime moins qu'il ne daigne se laisser aimer.

L'insoucieuse nonchalance avec laquelle il accueille les démonstrations affectueuses est un témoignage de la sincérité avec laquelle il les considère comme des hommages qui lui sont dus.

Les nerfs jouent un rôle trop essentiel dans son organisme pour qu'il ne se montre pas capricieux, même dans sa bonne humeur. La complaisance avec laquelle il se prête aux jeux de l'enfant a ses bornes, comme elle a ses heures. Il aura des préférences et aussi des antipathies, et se gênera rarement pour les manifester.

Au fond, il ne fait pas une très grande différence entre les êtres vivants et les meubles meublants de « son » appartement, — car c'est bien comme sien qu'il le considère, son horreur des déménagements en témoigne. Quand il les subit, il flaire longuement l'armoire après la commode, le lit après le buffet. Ce ne sera qu'après avoir constaté la présence de ses vieux amis, sur lesquels il aiguise ses griffes, qu'il se décidera à s'inquiéter de ses maîtres.

Soit dans la boutique, soit dans la loge, soit dans l'appartement, il se dérobera de temps en temps à la surveillance; à certaines époques climatériques, jamais le chat parisien ne résiste à l'attraction de l'école buissonnière; mais ce ne sont ni la chasse, ni le guet-apens qui en figurent les objectifs, mais des jeux, des disputes, des duels, le tout accompagné de grondements sourds, de trilles suraigus qui font si désagréablement tressaillir dans leurs lits les locataires trop voisins des gouttières.

En résumé, l'habitation de Paris représente, pour l'espèce féline, le *summum* de félicité à laquelle puissent aspirer de simples bêtes.

On se moque volontiers du chat de la portière; je déclare qu'il n'est pas, du rez-de-chaussée au sixième étage, un seul des locataires avec lequel cet intelligent animal consentît à troquer sa destinée. L'aimable promiscuité dans laquelle on y vit, les soins dont les maîtres du lieu l'entourent, les égards que leurs sujets, les locataires susdits, lui témoignent, une liberté relative, donnent à cet antre un charme qu'un chat ne trouverait pas sous les lambris dorés.

C'est pour lui seul que s'adoucit cette voix, revêche quand elle s'adresse à tout autre; seul aussi, il a le privilège de reposer sur les genoux du cerbère féminin, comme d'absorber sa sollicitude; c'est sur cette couchette chaude et moelleuse, dans une douce somnolence, que se passeront les deux tiers de son existence, car les déceptions et les catastrophes qui châtient si souvent les caravanes de ses confrères n'existeront pas pour lui.

Un seul péril est suspendu sur la tête de ce favori du sort : il doit craindre que la largeur de son râble, l'empâtement graisseux de ses tissus, comme l'épaisseur et le lustre de sa fourrure, n'excitent la concupiscence de l'implacable ennemi de sa race, le chiffonnier.

Lorsque nos malheurs nous contraignirent à faire de tout bois impôt, il a été assez vaguement question de frapper les chats d'une taxe, comme les chiens. Cette idée baroque n'a pas été mise à exécution, d'abord parce que la vérification de cette espèce de contribuables n'était pas commode, mais surtout parce que, si le chat n'est pas partout animal d'utilité, il pourrait l'être. Il n'existe donc pas de statistique de la population féline à Paris; mais, en calculant d'après le chiffre des maisons, on doit présumer que le nombre des chats existant à Paris doit flotter entre cinq et six cent mille, ce qui représente un joli civet.

XXXII

PERDRIX ROUGES.

Jamais sœurs ne se sont moins ressemblé que les perdrix grises et les perdrix rouges. Instincts, habitudes, plumage, et jusqu'à la saveur de la chair, tout diffère dans les deux espèces.

La première hante les plaines, et les mieux cultivées sont celles qu'elle préfère; la seconde se plaît surtout dans les contrées montueuses, sur les sols arides, sablonneux et rocailleux. Ces montagnardes farouches se laissent difficilement acclimater dans les terres plantureuses, douces et fertiles.

La perdrix grise est éminemment sociable, elle se rassemble non point par bandes, par troupes, comme d'autres oiseaux, mais par compagnies, et nul autre mot que celui-là ne saurait représenter ces agrégations des membres d'une même famille. L'une d'elles ouvre-t-elle ses ailes, toutes s'envolent à l'envi, elles se suivent aussi longtemps qu'elles le peuvent; dispersées, elles se rapprochent aussitôt que le premier émoi est calmé, et se rassemblent plus vite encore qu'elles n'ont songé à se mettre en sûreté.

La perdrix rouge va également par compagnies, mais ces associations ne sont pas, comme les autres, des modèles de solidarité familiale. L'habitude, plus encore qu'une sympathique union, les tient réunies; au premier danger, elles mettent assez souvent en pratique la maxime de l'égoïsme : Chacun pour soi.

Elles partent isolément. Si par hasard elles se lèvent ensemble, elles vont ordinairement se remiser dans des directions opposées, et bien rarement elles se préoccupent de leurs compagnes avant que le soleil ne soit à son déclin.

L'alimentation plus spécialement insectivore de la perdrix rouge est peut-être pour quelque chose dans cette sauvagerie. Ce qui nous le fait supposer, c'est qu'au printemps, lorsque chaque couple s'isole et choisit l'emplacement où il élèvera sa famille, ils se montrent plus absolus dans leurs exigences que ne le font les couples de grises.

Comme les oiseaux de proie, auxquels la jouissance exclusive d'un terrain de chasse est nécessaire, s'ils se trouvent trop rapprochés les uns des autres, ils émigrent et vont, quelquefois à de grandes distances, chercher une position qui leur convienne. Dans une terre du Perche, un de nos amis avait tous les ans trois compagnies de perdrix rouges; il les respectait scrupuleusement, veillait religieusement à leur conservation, et, malgré tout, il ne parvint jamais à en augmenter le nombre.

La chair de la perdrix rouge est plus blanche que celle de la grise, mais les gourmets sont d'avis qu'elle n'en a ni le fumet ni la savoureuse délicatesse. Ce n'est pas que celle-là n'ait ses partisans, et souvent cette préséance soulève d'orageux débats dans les dîners de chasseurs se piquant de gastronomie. Si, sous le rapport des mérites culinaires, sous celui des qualités morales, la perdrix grise est supérieure à la rouge, celle-ci l'emporte par la beauté de son plumage, encore relevée par l'éclat de son bec et de ses pattes de corail. La vivacité et la diversité des tons de sa livrée, l'harmonieuse opposition des nuances dont elle est vêtue, en font un si bel oiseau, que

j'ai vu peu de chasseurs se refuser la satisfaction de l'admirer après l'avoir abattue.

Jadis très largement représentées au nord de la Loire, les perdrix rouges y ont tellement diminué en nombre, que l'on peut prévoir le jour où elles auront totalement disparu du Maine, du Perche, de la Touraine, etc.

Cet effacement progressif tient surtout à ce que, malgré sa sauvagerie, ses défenses sont infiniment moins efficaces que celles de la perdrix grise; celle-ci n'en a qu'une dans son sac : se mettre à l'essor au moindre soupçon, élever et étendre son vol autant que ses forces le lui permettent; il suffit à la sauvegarder dans une certaine mesure. L'autre, en s'isolant, en cherchant toujours un abri dans les haies, les buissons, les couverts, où le chien la dépiste aisément, tombe plus souvent sous le plomb du chasseur, est plus exposée à donner dans les engins du braconnage.

Nous ne ne croyons pas du tout que les prédilections climatologiques de cet oiseau doivent être attribuées à la délicatesse de son tempérament et à sa sensibilité aux rigueurs de nos hivers. Les perdrix rouges sont si peu sensibles au froid, que des régions où elles sont nombreuses, le Jura, l'Auvergne, la Lozère, ont une température moyenne plus basse que la Beauce, que la Picardie; nous les croyons susceptibles de s'acclimater sous une latitude même inférieure à celle de Paris, à la condition expresse que le pays serait accidenté, que des bruyères, des friches, des taillis rarement explorés, leur offrissent les asiles qu'elles affectionnent.

Tous les vieux coqs, toutes les vieilles poules de perdrix rouges, deviennent des bartavelles pour les jeunes chasseurs qui les abattent, exactement comme les viveurs sont toujours comtes, marquis ou barons pour les fournisseurs qui les grugent. C'est une tâche désagréable, que d'avoir à souffler sur les illusions de l'âge aimable; mieux vaut laisser au temps le soin de le désabuser. Cependant le respect de la vérité nous force à déclarer à ces heureux vainqueurs qu'il n'y a point de bartavelles au nord et même sur la rive gauche de la Loire. La bartavelle est un oiseau des montagnes des contrées méridionales; on ne la trouve en France que dans les Alpes, les Pyrénées, le Jura, les Cévennes; du reste, il y a entre les deux variétés des différences de plumage si nettement caractérisées, qu'il faut ou beaucoup de bonne volonté ou trop d'enthousiasme pour les confondre.

XXXIII

LE HÉRON.

Le héron est une des victimes de notre civilisation; après lui avoir, tant qu'elle a pu, coupé les vivres, après avoir abattu, avec les futaies, les aires où depuis des siècles nos aïeux lui permettaient de se réunir en communauté pour élever sa famille, nous ne laissons jamais échapper une occasion de fusiller ce pauvre oiseau, qui, mort, n'est bon à rien, et qui, vivant, nous a rendu de nombreux services.

« Le héron, a dit Toussenel, est un auxiliaire libre de l'homme, le gardien-né de son repos et de ses cultures; il avale plus de couleuvres, de grenouilles, de crapauds que de carpes; il déserte volontiers les étangs et les gués des fleuves pour défendre nos plaines quand le mulot les envahit, à l'arrière-saison. Sa chair est immangeable, et l'huile de ses pieds est un mythe. »

Malgré les raisons qui commanderaient le respect du héron, il est bien peu de membres de la confrérie de Saint-Hubert qui résistent à la tentation de lui envoyer du plomb lorsqu'il se lève devant eux dans les roseaux en agitant lentement ses longues ailes.

Héron infortuné, victime prédestinée de ton tempérament mélancolique autant que de tes besoins, devais-tu t'attendre à tant de rigueurs?

Le destin s'était cependant montré envers toi suffisamment cruel! Symbole de souffrance et de misère, pauvre solitaire qui, pour pourvoir à ta subsistance, n'as reçu du ciel d'autres armes que la patience et la résignation ; toi que les tiraillements de ton estomac et les aiguillons de la faim trouvent réduit au triste expédient des embuscades, n'as-tu pas vraiment droit à la compassion de ce chasseur qui s'acharne sur les rares débris de tes tribus jadis si compactes?

Gros en apparence, le héron est cependant d'un volume médiocre et peu proportionné à la longueur de ses ailes et de ses pattes, puisqu'il pèse rarement plus de deux kilogrammes. Malgré les couleurs modestes de son plumage, c'est un bel oiseau, remarquable par le faisceau de plumes fines, souples et déliées qui partent de l'occiput et retombent sur le col comme la crinière d'un casque. Son bec robuste et épais à sa base, long de six pouces, terminé par une pointe aiguë, représente parfaitement cette espèce de poignard que le moyen âge appelait une « miséricorde », et qui était destiné à forcer les pièces de l'armure pour donner le coup de grâce; en raison de la faculté que possède son long col de se replier sur lui-même, ce bec peut acquérir une puissance de projection considérable.

Muni d'un aussi redoutable engin, avec son vol puissant, il semble que le héron doit avoir de nombreux tributaires sur la terre et dans les airs et pourvoir aisément à sa subsistance. Il n'en est rien.

En le partageant si largement sous le rapport de ces facultés, la nature, en lui attribuant aussi une nourriture particulière, a spécialisé ses dons à la défense. Destiné à réprimer la fécondité excessive des espèces aquatiques, poissons et reptiles, aussi dépourvu de serres que de membranes à ses pieds, il ne saurait poursuivre et saisir la proie qu'il convoite; il est réduit à attendre qu'un heureux hasard l'amène à sa portée. Sa vie n'est qu'un long affût; ce n'est pas sans raison que l'analogiste l'a comparé au pêcheur à la ligne, dont il a l'héroïque patience et aussi les alternatives d'abondance et de disette.

Pendant des heures entières, il demeure à la même place, aussi immobile que s'il était de pierre. Son corps repose sur un seul pied, l'autre est replié sous le ventre; le col est ramené sur la poitrine: la tête et le bec sont couchés entre les épaules exhaussées, et, dans cette attitude, il attend que quelque poisson, que quelque grenouille

étourdie vienne glisser entre les joncs verdoyants où il s'est mis en sentinelle.

Quelquefois, surtout en hiver, époque où les habitants des eaux quittent peu les grands fonds, il se hasarde dans le lit du ruisseau; il se place au milieu du courant, et, la tête entre les jambes, il attend

encore que son heureuse étoile lui amène son dîner sous la forme de quelque fretin.

Sa sobriété vient heureusement en aide à la passivité de cette misérable tactique; le héron est endurci à l'abstinence; Buffon affirme qu'il peut rester une quinzaine de jours sans manger.

Aux privations, aux amertumes de son existence isolée vient s'ajouter le mal de la peur. Comme tous ceux qui souffrent, il voit un ennemi dans tous les êtres que la nature a soustraits aux rigueurs qui pèsent sur lui; il vit dans de perpétuelles angoisses.

Au moindre bruit qui vient troubler le silence de sa solitude, il s'inquiète, se lève lentement, monte à une grande hauteur aussitôt qu'il a développé son essor; quand il a disparu dans les airs, on entend quelquefois son cri sec, aigre, qui a l'accent d'une plainte.

Malgré la résignation avec laquelle il supporte ses misères, le héron n'est point un oiseau philosophe; sa tristesse, sa mélancolie, disent clairement qu'il sait le prix de tout ce dont il est sevré; il serait bien plutôt l'image des malheureux affligés de quelque infirmité incurable que la Providence semble avoir condamnés à rester spectateurs des joies, des plaisirs de ce monde, sans jamais leur permettre de les partager, et qui font douter de sa justice.

XXXIV

LE MOINEAU.

J'ai toujours soupçonné le moineau franc d'être un abominable intrigant; aussi ne suis-je pas le moins du monde surpris qu'il soit parvenu à s'insinuer dans les bonnes grâces de quelques écrivains et à surprendre à leur bienveillance un certificat de bonnes vie et mœurs.

Cet oiseau brouillon, criard, tapageur jusqu'à l'agacement de la galerie, vous désarme par ses allures de bon enfant; exclusivement occupé, en apparence, de ses affaires de ménage, querelles, prises de bec et tout ce qui s'ensuit, il amuse par ses petits scandales de gouttière; narquois, insolent jusqu'à l'audace, mais gardant une incontestable originalité dans ses tours les plus pendables, on leur devient indulgent comme aux facéties du Gavroche parisien, avec lequel il a, du reste, plus d'un point de ressemblance; et puis, s'inspirant de ces personnages de la comédie politique que l'on appelle les mouches du coche, il fait un tel tapage autour d'un mauvais hanneton qu'il a cueilli dans son vol, que l'on arrive à se demander si, chez lui, le vernis du parasitisme ne dissimulerait pas un auxiliaire vraiment et sérieusement utile.

Je comprends d'autant mieux que mes confrères n'aient pas résisté à la captation, que moi-même j'y ai cédé, sur la foi de ce racontar qui nous montre les Américains toujours prêts à payer un moineau vivant cinq ou six fois son poids d'or!

Si ce débouché existait, le Gavroche susnommé, le premier industriel du monde, s'il vous plaît, n'eût-il pas déjà dépeuplé Pierropolis, non, Paris, de ces hôtes turbulents au profit de New-York?

Cette réflexion, je ne la fis pas, et je croyais si bien au moineau, que peut-être ai-je célébré les vertus par lesquelles il rachetait tant et tant de vices. Je m'empresse de faire amende honorable; je déclare, après plus ample informé, que je le tiens pour un faux frère, indigne de figurer dans la catégorie des honnêtes oiseaux qui nous servent en donnant satisfaction à leur estomac.

A l'époque où j'étais sous le charme, étant venu à Paris, je rendis un jour visite à un de mes amis qui possède une façon de petit parc sur les hauteurs de Montmartre.

Le seul aspect de ce jardin bouleversa toutes mes idées en fait d'ornementation horticole. Chaque fleur, à peu près, était enveloppée d'un filet; devant celles qui n'en avaient pas, j'apercevais de minuscules traquenards; nouveaux filets sur les espaliers, et, à chaque branche de chaque arbre, des banderoles de papier, et assez de petits moulins en plumes pour faire le bonheur de tous les poupons d'un arrondissement.

« Diable! dis-je à mon ami, mais ce n'est pas un jardin, ça, c'est une exposition des industries maritimes et fluviales!

— Après déjeuner, me répondit-il, vous serez le premier à re-

connaître que mes défenses ne sont pas un luxe. » En même temps, il enlevait les filets qui couvraient deux très beaux pieds d'œillets.

En sortant de table, il me ramena dans le jardin et me conduisit sur le théâtre de l'expérience. Deux heures avaient suffi pour que les deux pauvres plantes fussent absolument déplumées; il n'en restait exactement que les grosses tiges et les racines.

Alors il m'ouvrit son cœur, il épancha ses infortunes dans le mien. Les moineaux étaient le fléau de ce grand et beau jardin. Vainement il avait essayé de les détruire; grâce à l'état de fourmillement dans lequel ils existent dans la capitale, de nouvelles légions de pillards succédaient toujours aux légions anéanties; pour un pierrot qu'il donnait à son chat, les toits, les murailles du voisinage lui en rendaient trois! Non seulement ils coupaient, comme je l'avais vu, toutes les plantes en végétation, mais à la sortie de l'hiver, quand le bourgeon fructifère commençait à poindre, ils n'en laissaient pas un sur les vignes et sur les arbres.

Cependant, et en dépit de tant de témoignages de la véracité de mon camarade, je tenais à mon siège.

« Je ne nie pas qu'ils vous causent quelques dégâts, lui dis-je, mais vous avez votre compensation dans les insectes dont ils vous délivrent. »

Pour toute réponse, il me conduisit à un grand prunier, dont les feuilles des branches supérieures disparaissaient sous les chenilles dont elles étaient couvertes, puis il me jura que jamais il n'avait vu un moineau y venir chercher son déjeuner.

Cette révélation m'avait mis martel en tête, je revins dans mon ermitage avec l'idée fixe de m'assurer de la réalité des appétits insectivores de ce passereau.

La cuisinière en avait précisément élevé un; je me rendis au jardin, je choisis dans le plant de choux douze belles chenilles vertes, grasses, succulentes, appétissantes au possible; je les déposai sur une feuille, je mis la feuille dans une boîte, et je plaçai le tout dans la cage. Deux heures après, quand je procédai à l'inventaire, au lieu de douze chenilles, j'en trouvai... quatorze!

Hâtons-nous de nous expliquer pour qu'on ne nous accuse pas de pousser la rancune jusqu'à accuser le moineau de favoriser la propagation de ces insectes : pour charmer les loisirs de sa captivité, le prisonnier avait coupé trois de ces chenilles d'un coup de bec et en avait fait deux tronçons, une seule manquait à l'appel, qu'il avait donc mangée sans que cette première bouchée lui inspirât du goût pour le reste.

Cette première épreuve n'était pas concluante à mon gré; nourri comme un prébendaire, ce favori d'une vieille fille pouvait avoir des délicatesses inconnues chez les moineaux de la franche lippée.

J'avais remarqué, en procédant à ma cueillette, que les choux étaient infestés des chenilles vertes que je cherchais; il y avait à côté d'eux un carré de pois ridés de Knigth, qui touchaient à leur maturité; le jardinier en était très curieux; comme, à raison des doctrines dont j'étais imbu, j'avais laissé la population pierrotière prendre un accroissement déplorable, il avait confectionné un magnifique mannequin qui se dressait au-dessus de ses rames et avait pour mission d'en écarter les déprédateurs. Je jetai l'épouvantail dans un coin, puis pendant trois jours j'observai ce qui allait se passer.

Quand les moineaux, qui avaient commencé par donner aux pois avec un délirant enthousiasme, commençèrent à les déserter, il me fut facile de découvrir les causes de leur tardive sobriété; le stock disponible des graines du carré était absolument épuisé.

Pour ce qui fut des choux et de leurs chenilles, avant, pendant, après l'invasion de la plate-bande voisine, les oiseaux me semblèrent décidés à attendre que ces crucifères fussent montés en graine pour s'apercevoir de leur existence. Bon gré, mal gré, il me fallut en conclure que le moineau est insectivore, comme certaines gens sont honnêtes, quand il ne peut pas faire autrement.

Il est rare qu'il n'y ait pas un profit tirer d'une déception; vous avez vu que le pierrot manifestait pour les œillets une prédilection toute particulière; ces préférences, je ne les ai pas retrouvées moins caractérisées chez le lapin, qui, s'il s'introduit dans un jardin, délaisse les végétaux réputés les plus séduisants pour son espèce et s'acharne sur l'aimable fleur. Je signale le fait aux chercheurs de nouveautés gastronomiques; qui sait si nous ne lui devrons pas la découverte de quelque salade transcendante?

TABLE.

www.ingramcontent.com/pod-product-compliance
Ingram Content Group UK Ltd.
Pitfield, Milton Keynes, MK11 3LW, UK
UKHW020313230726
13925UKWH00002B/393

9 782013 692335